Dr. Bahram Bahrami

Grosse Geheimnisse
des
Universums

Bd. II

Meine Theorien und Entdeckungen

Der Autor, Dr. Bahram Bahrami, hat Medizin und Physik studiert und ist Facharzt für innere Medizin . Er beschäftigt sich mit der theoretischen Forschung der Naturwissenschaften mit dem Schwerpunkt Astronomie, Physik und Medizin, hat zahlreiche bahnbrechende Theorien entwickelt und mehrere Bücher veröffentlicht.

Herstellung und Verlag : Books on Demand GmbH , Norderstedt

ISBN: 978-3-8370-4610-6

Die Prinzipien der Natur sind meist sehr einfach. Die Einfachheit ist jedoch so groß , daß sie zu durchschauen äußerst schwer sein kann.

Dr. B. Bahrami

Für die freundliche Überlassung der Bilder möchte ich mich bei Nasa-Hubble und PixelQuelle.de bzw. Pixelio.de bedanken.

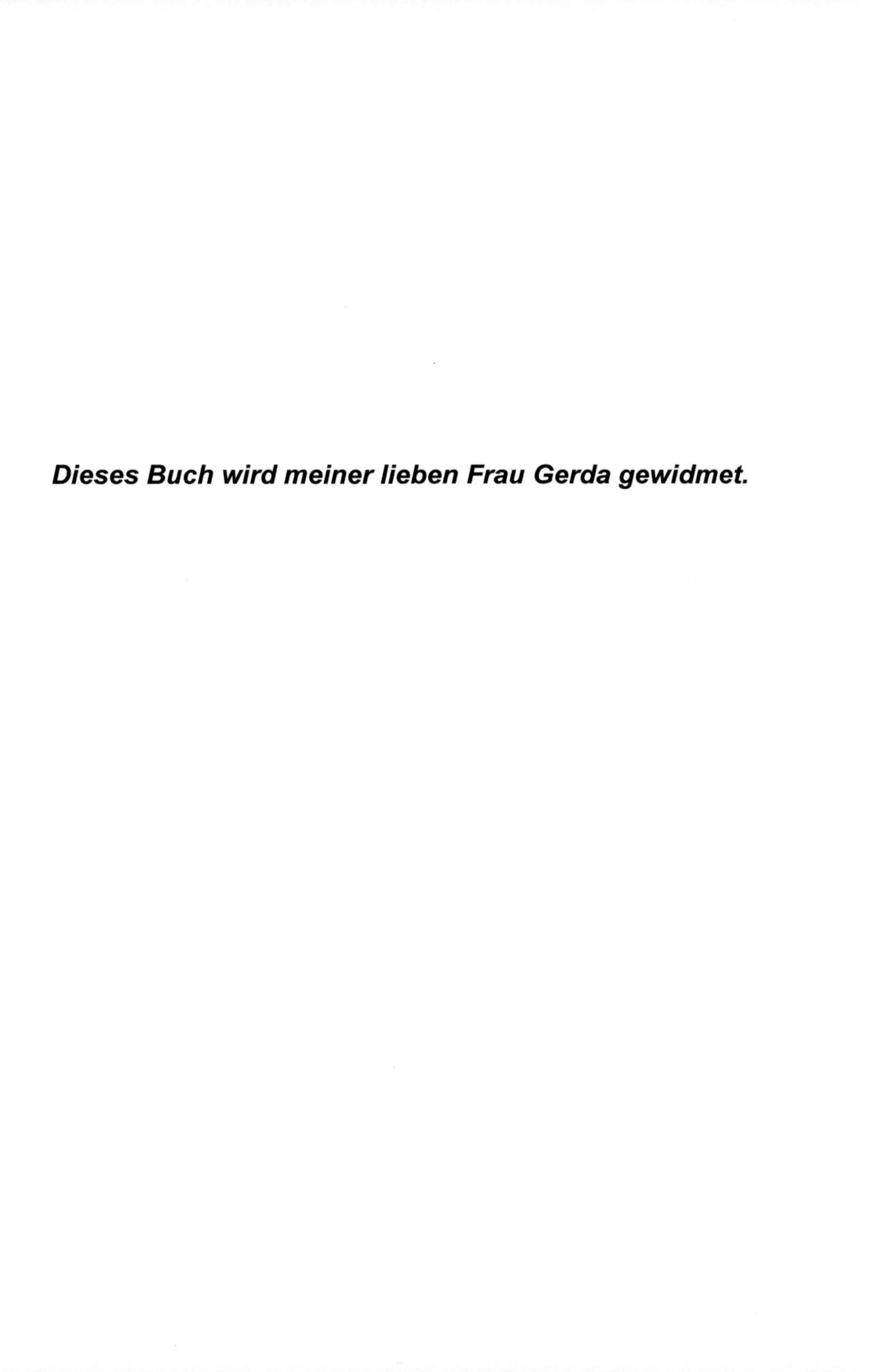

Dieses Buch wird meiner lieben Frau Gerda gewidmet.

Inhaltsverzeichnis

Einleitung

Dieses Buch wendet sich nicht nur an Fachleute, sondern auch an das breite interessierte Publikum . Deswegen wurde bewußt versucht , so weit wie möglich , die Thematik durch einen relativ einfachen und gut verständlichen Text, durch Abbildungen, Graphiken und Zeichnungen auch für interessierte Laien verständlich und zugänglich zu machen.

Ich kann Ihnen an dieser Stelle schon verraten, daß die in diesem Buch abgehandelten äußerst faszinierenden Phänomene und insbesondere auch deren Enträtselung jeden von uns beeindrucken und faszinieren werden, auch wenn wir uns bisher nur flüchtig dafür interessiert haben, **denn es geht vielfach um grundsätzliche Dinge, die uns alle angehen, und die dazu beitragen, unsere gesamte Welt besser zu verstehen und neu zu ordnen.**

In Ergänzung des Bd. I dieses Buches werden nicht nur weitere große Geheimnisse des Universums beschrieben, sondern <u>insbesondere</u> auch viele weitere Rätsel gelöst und viele weitere Phänomene erklärt, die bisher unerklärbar, unverständlich oder völlig rätselhaft waren. Der Autor setzt sich mit diesen Phänomenen kritisch auseinander und versucht sie zu begründen und auch für die Laien verständlich zu machen .

Weitere interessante Theorien und Entdeckungen von mir erklären ferner viele Phänomene , die bisher ebenfalls rätselhaft waren .

Es wurde   bewußt versucht, **auf jeglichen unnötigen Ballast und jede Umschweife zu verzichten** , um das Buch möglichst kompakt und übersichtlich zu halten, und ferner um viel Platz zu lassen für eigene Phantasien der Leser.

Dieses Buch unterscheidet sich in vielerlei Hinsicht von vielen anderen Büchern, die nur bekannte Tatsachen und Erkenntnisse wiedergeben bzw. wiederholen, und die Sachen beschreiben, ohne eine Begründung dafür zu geben bzw. sich damit kritisch auseinanderzusetzen, und ist deswegen weniger reproduktiv, sondern insbesondere völlig innovativ, kreativ und schöpferisch ,und erschließt deswegen sehr viel Neuland .

Mehr möchte ich Ihnen an dieser Stelle nicht verraten, vielmehr es Ihnen selbst überlassen die Faszinationen dieses Buches bei der Lektüre selbst zu entdecken .

Dr. B. Bahrami

Kapitel 1

Einführung in die Thematik

Die Astronomie und Physik halten seit Jahrzehnten krampfhaft fest an einigen festgefahrenen Prinzipien, Gesetzen , Vermutungen und Theorien , wie an der Urknalltheorie, deren Unrichtigkeit mittlerweile zum Himmel schreit ,und kommen deswegen in grundsätzlichen Dingen nicht voran und befinden sich praktisch in einer Sackgasse.

Unser Wissen über das Wesen des Universums und seine Bestandteile muß trotz einiger Fortschritte als gering und nicht zufriedenstellend bezeichnet werden. Ja wir wissen z.B. immer noch nicht, wo sich das Zentrum des Universums befindet und wo sein äußerer Rand ist. Wir wissen genau aus diesem Grunde auch immer noch nicht, an welcher Stelle wir uns im Koordinatensystem des Universums befinden, ob wir z.B. im Bezug zum Zentrum des Universums sozusagen auf dem Kopf stehen, auf der Seite oder aufrecht, usw.

Es haben sich einige feste Meinungen etabliert, die zwar nicht richtig sind , an denen aber trotzdem evt. mangels an Alternativen krampfhaft festgehalten wird. Es haben sich ferner größere Irrtümer eingeschlichen, die nicht bemerkt worden sind . Die Geschichte von Ptolemäus scheint sich zu wiederholen.

Es werden äußerst kostspielige Projekte durchgeführt, und stur immer weitergeführt ,deren Erfolglosigkeit eindeutig vorauszusehen sind und die somit von vornherein zum Scheitern verurteilt sind.

Es wir zu viel getan und viel zuwenig nachgedacht.

Es ist zwar äußerst interessant fast täglich wunderschöne Bilder vom Universum bzw. von den einzelnen Himmelsobjekten zu schießen. Dadurch wird unser Bildmaterial vom Universum zweifellos reichhaltiger . Es genügt aber keineswegs, daß man sich darüber nur freut oder wundert, **sondern es ist dringend notwendig und es ist höchste Zeit, daß sich darüber intensiv Gedanken gemacht werden, durch bahnbrechende Theorien endlich die großen Geheimnisse des Universums zu lüften und die entsprechenden Phänomene des Universums zu enträtseln, im Interesse von uns allen. Die heutige Astronomie und Physik müssen total modernisiert und revidiert werden.**

Das geschieht durch dieses Buch , sowie durch einige andere Bücher von mir (z.B. durch Band I dieses Buches, sowie durch meine Bücher „Revolution der Astronomie und Physik" „ Das Geheimnis der Entstehung des Universums „ und „ Sind die Relativitätstheorien von Einstein richtig?, meine energetische Relativitätstheorie").

Unser ganzes Universum ist voller großer Geheimnisse und Rätsel.

Wir stehen keineswegs auf einem stabilen Boden , und überhaupt unsere Welt, in der wir leben, ist alles andere als stabil .

Unsere   Erde steht nicht still ,sondern dreht sich mit einer enormen Geschwindigkeit von 465 m/s (wohl bemerkt pro Sekunde !!! , gemessen am Äquator , um die eigene Achse, und umkreist mit rasender Geschwindigkeit unsere Sonne, die ihrerseits mit rasender Geschwindigkeit unterwegs ist.

der Boden unter unseren Füßen bebt ständig , die Zeit rast, unsere Erde wird laufend von Meteoriten bombardiert.

Weiter draußen im Universum geht es fast abenteuerlich zu, und es sind gewaltige Explosionen im Gange.

Gibt es draußen im Universum intelligente Lebewesen und Zivilisationen ähnlich wie unsere und wird es uns gelingen mit denen Kontakt aufzunehmen? Wäre es ein Traumerlebnis, wenn wir eines Tages Besuch bekommen würden von außerirdischen Lebewesen oder wäre es ein Alptraum? Wird unsere Erde in Zukunft mehrere Monde bekommen?

Wie wird das Universum mit den gigantischen Energiemengen fertig , die dort vorhanden sind und weshalb führen sie nicht zu Entgleisungen und zum Chaos? Können sie gezügelt werden ? Können große Energiemengen sogar die Zeit verlangsamen oder beschleunigen?

In diesem Buch werden nicht nur diese Fragen ausführlich behandelt und beantwortet , sondern auch viele weitere großen Geheimnisse bzw. Rätsel des Universums dargestellt und gelöst.

Es gibt also viel Interessantes zu erfahren und zu entdecken .

Mehr will ich Ihnen an dieser Stelle nicht verraten und überlasse Ihnen selbst, durch die Lektüre dieses Buches die Faszinationen dieses Buches selbst zu entdecken.

Kapitel 2

Gibt es Leben

anderswo im Universum ?

Gibt es vielleicht grüne Mars-Menschen ?
Werden wir eines Tages Besuch bekommen von Anwohnern anderer Planeten des Universums?

Früher glaubte man , daß es auf dem Planeten Mars so etwas wie grüne Mars-Menschen geben würde . Nach der Erforschung des Mars durch die moderne Raumtechnik mit Entsendung von Mars-Sonden haben sich diese Vermutungen jedoch als völlig falsch erwiesen .
Nachdem auch die anderen Planeten unseres Sonnensystems systematisch durch Sonden untersucht und fotografiert worden sind, sehen wir die Sachen mittlerweile viel nüchterner und wir wissen heute, daß zumindest größere und weiterentwickelte Lebewesen oder sogar Menschen auf den anderen Planeten unseres Sonnensystems nicht existieren.

Es ist jedoch nicht ausgeschlossen, daß auf einem anderen Planeten unseres Sonnensystems (z.B. auf dem Planeten Mars) bzw. auf irgendeinem ihrer

Trabanten (wie auf den Jupitermonden Europa oder Kallisto , oder auf dem Saturnmond Titan) primitive Lebewesen , wie z.B. Mikroorganismen vorkommen.

Nach meiner persönlichen Meinung **ist es durchaus möglich und sogar sehr wahrscheinlich, daß insbesondere auf dem Planeten Mars Leben etwa in Form von Mikroorganismus existiert , das** jedoch wegen der äußerst dünnen Atmosphäre des Mars und des ungestörtem Eindringens der tödlichen UV- Strahlen bis zur Oberfläche des Mars, nicht **auf** der Oberfläche, sondern **im Boden**, d.h. **unter** der Oberfläche des Mars   angesiedelt ist. Wir wissen, daß die Atmosphäre des Mars keinen Sauerstoff enthält und keine Flüsse und Meere auf der Oberfläche des Mars existieren . **Die rote Oberfläche des Mars deutet jedoch darauf hin, daß dort massenhaft Eisenoxyd vorhanden ist und somit der Sauerstoff in chemisch gebundener Form existiert .**

Es ist ferner durchaus wahrscheinlich, daß <u>im</u> Boden des Mars , nahe der Oberfläche auch Wasser vorhanden ist   (wir wissen, daß früher <u>auf</u> der Oberfläche von Mars Wasser geflossen ist).

Deswegen würde im Boden des Mars sowohl Sauerstoff, als auch Wasser vorhanden sein, wenn auch anders als hier auf der Erde , somit wären die Voraussetzungen für die Existenz des Lebens gegeben.

Auf jeden Fall aber existieren höher entwickelte intelligente Lebewesen und weit fortgeschrittene Zivilisationen auf den Planeten <u>anderer</u> Sonnensysteme, die sogar noch weiter entwickelt sein können als die

Menschen auf der Erde . Wir wissen , daß es im Universum zahlreiche Sonnensysteme gibt .

Wenn wir die Möglichkeiten der Existenz des Lebens auf anderen Planeten im Universum untersuchen, so sind wir gewöhnt, von irdischen Verhältnissen auszugehen. Deswegen wollen wir in diesem Kapitel uns auch damit auseinander setzen, ob es anderswo auch andere Möglichkeiten gibt.

Wir haben auf der Erde u.a. folgende Voraussetzungen , die für die Entstehung des Lebens unerläßlich waren:

1. **Gemäßigte Temperaturen**
2. **Wasser**
3. **Sauerstoff**
4. **Magnetfeld**

1.   Gemäßigte Temperaturen sind eine unabdingbare Voraussetzung für die Entstehung des Lebens , da alle Lebewesen aus Molekülen bestehen und Moleküle bei höheren Temperaturen in Atome zerfallen .

Da wir aufgrund von spektroskopischen Informationen von anderen Regionen des Universums wissen, daß auch in anderen Regionen im Universum **dieselben Atome** vorkommen wie auf der Erde , und ferner weil alle Lebewesen nur aus Molekülen bestehen können, müssen auch die Lebewesen aus anderen Regionen des Universums aus der Verbindung derselben Atomen bestehen, die auch hier auf der Erde vorkommen, wenn auch nicht unbedingt aus denselben Verbindungen.

Da aber fast alle Moleküle im allgemeinen keine höheren Temperaturen vertragen , können wir daraus schließen, daß auch die Lebewesen in anderen Regionen des Universums gemäßigte Temperaturen benötigen, da sie bei höheren Temperaturen zerstört würden .
Insbesondere Proteine , die Hauptbestandteile der irdischen Lebewesen , sind gegen Hitze sehr empfindlich .

Deshalb müssen auch anderswo im Universum **gemäßigte Temperaturen** für die Entstehung des Lebens unerläßlich sein .

Gemäßigte Temperaturen gibt es aber **nur auf Planeten** , da die Sterne selbst zu heiß sind , wobei meistens **nur wenige Planeten** in einem Sonnensystem gemäßigte Temperaturen haben können , wie uns aus unserem Sonnensystem bekannt ist.

2. Das Wasser muß ebenfalls als eine unbedingte Voraussetzung für die Entstehung des Lebens auf anderen Planeten angesehen werden, weil wir aus der Chemie , Medizin und Biologie wissen, daß Voraussetzung für das Zustandekommen von so gut wie allen chemische Reaktionen und somit auch Voraussetzung für das Zustandekommen von Enzymreaktionen , das Vorhandensein von Wasser ist, d.h. weil so gut wie alle chemische Reaktionen nur in **wässrigen Lösungen** ablaufen.

3. Sauerstoff , jedoch nicht unbedingt in freier Form , sondern auch in physikalisch oder chemisch gebundener Form :

Es gibt zwar die Möglichkeit, sozusagen durch direkte Nutzung der Sonnenenergie die notwendige Energie zum Leben zu gewinnen (z.B. durch Photosynthese) , und Sauerstoff wäre dazu nicht erforderlich. So sind z.B. die ersten Vegetationen auf der Erde entstanden (die Algen).
Es gibt auch **Anerobier**,   d.h. Lebewesen, die ohne Sauerstoff auskommen und für ihre Energiegewinnung auf Sauerstoff nicht angewiesen sind wie **Clostridium tetani** (Tetanus-Erreger).

Jedoch für die Entwicklung der höheren und insbesondere intelligenten Lebewesen, ist **Sauerstoff** unentbehrlich, da die durch die Verbindung von Sauerstoff mit Wasserstoff erzielte chemische Energiemenge am höchsten ist .
Es würde aber ausreichen, wenn Sauerstoff in gebundener Form (also in Form seiner chemischen Verbindungen , oder in physikalisch gebundener Form) vorliegen würde, da andersartige Lebewesen theoretisch auch Sauerstoff aus einer chemischen oder physikalischen Verbindung verwenden könnten

Es muß an dieser Stelle darauf hingewiesen werden , daß die Lebewesen hier auf der Erde (mit kleinen Ausnahmen) ihre Energie beziehen durch Verbinden von Sauerstoff mit Wasserstoff .

Es muß zwar betont werden, daß **die Verbindung von Sauerstoff mit Wasserstoff die höchst mögliche chemische Energie liefert** , doch es wäre durchaus auch denkbar, daß auf anderen Planeten **die erforderliche**

Energie auch durch Verbindung von Sauerstoff mit anderen Elementen gewonnen wird.

Wir sollten deswegen bei der Suche nach dem Leben auf anderen Planeten den Rahmen weiter spannen und auch andere Möglichkeiten in Betracht ziehen .

4. Magnetfeld : Für die Aufrechterhaltung des Lebens ist außerdem ein Magnetfeld erforderlich, zum Abschirmen der kosmischen Strahlung bzw. des Sonnenwindes, damit sie abgelenkt werden und nicht bis zur Oberfläche vordringen, da das Leben sonst zerstört würde.

Es erhebt sich hier die Frage, wenn es anderswo im Universum intelligente Lebewesen gibt, weshalb sie bisher keinen Kontakt zu uns hergestellt haben ,etwa keine Signale gefunkt haben , und weshalb sie uns bisher nicht besucht haben, und ferner weshalb wir zu denen bisher keinen Kontakt herstellen konnten oder sie sogar nicht besuchen konnten.

Es gibt einige Wissenschaftler , die seit Jahren fieberhaft versuchen, solche Botschaften von entfernten Zivilisationen zu empfangen und deswegen die verschiedenen Himmelregionen systematisch nach solchen Signalen „abtasten".

Ein großes Problem ist, daß wir **im Universum mit riesigen Entfernungen zu tun haben , die deswegen üblicherweise in Lichtjahren angegeben werden .** Deswegen wäre selbst das Licht (Geschwindigkeit 300 000 km/s) mehrere Tausend, mehrere Millionen oder sogar mehrere Millliarden Jahre unterwegs, bis es entferntere Regionen des Universums erreicht.

Trotz der enormen Fortschritte der Raumfahrttechnik, sind unsere Raumschiffe viel zu langsam und wären viele Jahre unterwegs . Die **fehlende Gravitation** müßte künstlich erzeugt werden, da sonst bei den Astronauten , die mehrere Jahre unterwegs sein würden, sich **Atrophien** einstellen würden. Es gibt aber auch einige weiteren Probleme, die hier im Rahmen dieses Buches nicht mehr erwähnt werden können .

Die Entfernungen sind so riesig, daß selbst die **elektromagnetischen Wellen,** die man zur Entsendung von Nachrichten brauchen würde, mit Ausnahme der „ näheren „ Umgebung von uns, mehre Tausend, mehrere Millionen oder evt. mehrere Milliarden Jahre unterwegs wären , **obwohl die elektromagnetischen Wellen sich ebenfalls mit der Lichtgeschwindigkeit von 300 000 km/s sich ausbreiten** . Eine Zivilisation, die so eine Nachricht absenden würde, wäre bei der Ankunft der Nachricht nicht mehr existent . Ein gegenseitiger Austausch von Botschaften wäre deswegen bei entfernteren Regionen des Universums nicht möglich.

Es gibt aber auch einige weitere wichtige Probleme , die jedoch im Kapitel 3 dieses Buches ausführlich dargestellt werden. Deswegen wird an dieser Stelle darauf verwiesen.

Kapitel 3

Weshalb ist bisher

die Kommunikation mit anderen

intelligenten Lebewesen im

Universum nicht gelungen ?

Eine der größten Wünsche der Menschheit ist seit vielen Jahren gewesen , mit anderen Zivilisationen im Universum eines Tages einen Kontakt herzustellen .

Bekanntlich empfangen wir hier auf unserer Erde **nicht nur sichtbares Licht der verschiedenen Himmelsobjekte wie Sterne und Galaxien, sondern u.a. auch Radiowellen .**

Deswegen sind im Laufe der Jahre nicht nur immer größere und leistungsfähigere Lichtteleskope entwickelt worden , sondern auch **Radioteleskope** mit mittlerweile Riesendimensionen, die äußerst leistungsfähig sind, und die **Radioastronomie ,** die mit der zufälligen Entdeckung einer schwachen Radiostrahlung unserer Sonne und unserer

Milchstraße angefangen hat, hat sich mittlerweile zu einem großen Bereich der Astronomie entwickelt.

Deswegen war und ist der Gedanke   nahliegend ,zur Herstellung eines Kontaktes mit außerirdischen intelligenten Lebewesen **Radiowellen** zu benutzen , zumal auch auf unserer Erde das Senden und empfangen z.B. der Fernseh- und Rundfunksignalen bekanntlich durch Radiowellen geschieht.

So wird seit vielen Jahren der ganze Himmel systematisch nach Funksignalen abgesucht, jedoch bisher ganz vergeblich.

Wir wollen hier untersuchen, weshalb diese Versuche bisher völlig erfolglos geblieben sind.

Es ist davon auszugehen, daß **wir keineswegs die einzigen intelligenten Lebewesen im Universum sind, sondern es vielmehr zahlreiche weitere Zivilisationen im Universum geben muß .**

Wenn wir nur daran danken, daß es im Universum Milliarden von Galaxien gibt, und daß wiederum jede Galaxie Milliarden von Sternen beinhaltet, und daß zahlreiche Sterne über eine Planetensystem verfügen müssen ,so könnten wie dies besser verstehen .

Ein Problem ist sicherlich die enorm großen Entfernungen zwischen den Sternen bzw. Galaxien , die Lichtjahre betragen , teilweise sogar Milliarden Lichtjahre .

Dies bedeutet, daß Funksignale , die geschickt werden , mehrere Jahre, ja sogar bis zu Milliarden Jahre unterwegs wären , obwohl die Geschwindigkeit der elektromagnetischen Wellen enorm hoch ist und 300 000km/s beträgt .

So kann es passieren, daß selbst wenn ein solches Signal empfangen würde, daß bei der Ankunft des Signals der Absender schon seit vielen Jahren gestorben ist, oder sogar die betreffende Zivilisation nicht mehr existiert .

Das ist aber meines Erachtens zwar ein **wichtiges Problem, aber keineswegs das Hauptproblem** .

Das Hauptproblem sehe ich darin, daß die von den außerirdischen Wesen abgesandten Funksignale bzw. die Radiowellen viel zu <u>schwach</u> sind gegenüber den Radiosignalen der betreffenden Sterne bzw. der betreffenden Galaxien , die sie somit überstrahlen .

Bei den Radiowellen , die wir vom Universum empfangen, handelt es sich um einen breiten Frequenz- bzw. Wellenlängenbereich zwischen mehreren Kilometern und mehreren Millimetern , teilweise sogar um Submillimeterwellen. Der Lang- und Mittelwellenbereich wird jedoch an der Ionosphäre zurückreflektiert und die Millimeter- und Submillimeterwellen werden von verschiedenen Molekülen der Atmosphäre absorbiert , sodaß diese Wellenlängenbereiche für die Radioteleskopie von der Erdoberfläche her nicht infrage kommen.

Das Radiofenster auf der Erde umfasst somit die Bereiche von Kurzwelle, UKW und Dezimeterwellen und reicht bis zum Zentimeterbereich.

Die Radiowellen, die wir vom Universum empfangen, sind verständlicherweise **sehr schwach**, trotz der mittlerweile sehr starken Radioteleskope ,**da** wie bereits erwähnt **es sich um enorm große Entfernungen handelt.**

Hinzu kommen eine ganze Reihe von Störquellen ,etwa die Radiosignale   der   zahlreichen   Rundfunk-   und Fernsehsender , die Radiowellen der gigantischen Zahl von Handys , Bildschirmen der Computer und Fernsehgeräten, die Strahlung der Radaranlagen, der Zündung von Autos , sowie die Strahlung anderer elektronischer Geräte usw. **Sie sind teilweise milliardenfach stärker als die Radiosignale vom Universum.**

Es   gibt   zwar   für   **Radioastronomie   geschützte Frequenzbereiche** , viele Störquellen fallen aber trotzdem in diesen Bereich.

Es ist ferner und insbesondere zu bedenken ,daß die Licht- und Radiosignale ,die wir aus dem Universum empfangen,   meistens   von   Sternen   oder   Galaxien stammen,   und   somit   von   riesengroßen Strahlungsquellen   mit   gigantischen Energiemengen ,   die   jegliche   schwächere Strahlen in ihrem Bereich überstrahlen würden.
Trotzdem sind ihre Radiosignale, die hier auf der Erde ankommen so schwach.

Wie sollen nun die in Relation dazu nur äußerst schwachen Radiosignalen von außerirdischen Lebewesen, die sich auf einem Planten in der Nähe eines Sterns bzw. in einer Galaxie befinden würden, hier empfangen werden ?

Zwar haben die künstlichen Strahlungsquellen gewisse Charakteristika, wie z.B. die meist schnellen und einfachen Frequenz- bzw. Amplitudenmodulationen, die Überträger von Informationen sind . **Doch was nutzt das, wenn sie äußerst schwach sind und deswegen erst gar nicht empfangen und differenziert werden können.**

Es ist genauso, als ob wir tagsüber beim vollen Sonnenschein Sterne am Himmel suchen würden. Der Versuch <u>muß</u> scheitern, da das starke Sonnenlicht das schwache Licht der Sterne überstrahlt .

Wir könnten Radiosignale von außerirdischen intelligenten Lebewesen nur empfangen:

1. wenn deren Sender über Energiemengen verfügen würden, die vergleichbar wären mit den Energiedimensionen der Sterne und Galaxien . Das ist aber verständlicherweise völlig ausgeschlossen.

2. Oder wenn die Signalquelle in unserer unmittelbarer Nähe (im astronomischen Sinne) wäre, d.h. z.B. auf einem anderen Planeten innerhalb unseres Sonnensystems oder ganz in der Nähe unseres Sonnensystems. Aber auch das ist ausgeschlossen, da wie wir wissen, keine intelligenten Lebewesen sich dort befinden.

3. Oder etwa durch eine große Erfindung oder Entdeckung gelingen würde ,Geräte zu bauen, die

ganz beträchtlich (milliardenfach) stärker wären als die heutigen uns zur Verfügung stehenden Geräte . Aber auch das ist heute völlig ungewiss.

Dies alles ist aber leider bisher weder bedacht noch beachtet worden.

Annstatt dessen werden seit Jahren , wie bereits erwähnt , Milliarden Beträge in völlig aussichtlose Projekte investiert und der Himmel von einigen Astronomen systematisch nach Funksignalen abgesucht, **natürlich völlig vergeblich , wie vorherzusagen war,** ähnlich wie bei der Suche nach Gravitationswellen (vergl. **meine Bücher „ Sind die Relativitätstheorien von Einstein richtig? Meine energetische Relativitätstheorie"** und „ **Revolution der Astronomie und Physik").**

Wenn diese Problematik beachtet worden wäre, so wäre sicherlich viel Geld, Zeit , Mühe und Enttäuschung erspart geblieben.

Zusammengefasst ist es weder heute, noch in absehbarer Zeit möglich, mit außerirdischen intelligenten Wesen Kontakt aufzunehmen . Deswegen ist jeglicher Versuch völlig vergeblich.

Erst wenn <u>erheblich</u> stärkere Geräte zur Verfügung stehen, lohnt es sich einen weiteren Versuch zu unternehmen.

Kapitel 4

Besuch aus anderen Planeten

Traum oder Alptraum ?

Seit sehr vielen Jahren träumt die ganze Menschheit von einem Besuch von intelligenten Lebewesen aus andern Planeten . Die Phantasiebezeichnung **grüne Marsmenschen** ist uns allen gut bekannt .

Die große Hoffnung , die anfänglich durch die Beobachtung der fliegenden Untertassen bzw. **Ufos** erheblich verstärkt worden war, hat sich aber leider nicht erfüllt und hat sich sozusagen in nichts aufgelöst .

Es gibt Milliarden Galaxien im Universum und jede Galaxie besteht ihrerseits wieder aus Milliarden Sterne . Jeder Stern ist eine Sonne . Bei zahlreichen Sonnen handelt es sich um **Sonnensysteme** , d.h. **sie verfügen über eigene Planeten.**

Zwar wird nicht jedes Planetensystem einen erdähnlichen Planeten haben , aber erdähnliche Planeten dürften bei vielen Planetensystemen vorkommen . **Es gibt deswegen sicherlich zahlreiche Zivilisationen im Universum , die teilweise sogar noch fortgeschrittener sein dürften als wir .**

Ein großes Problem sind aber die riesigen Entfernungen von mehreren Lichtjahren . Eine Reise zu diesen Zivilisationen würde somit mehrere Jahre dauern, auch wenn es möglich wäre, Raunschiffe zu konstruieren, die ungefähr mit Lichtgeschwindigkeit fliegen würden, wovon wir allerdings noch sehr weit entfernt sind . Es ergeben sich dadurch zahlreiche weitere Probleme, worauf aber hier nicht näher eingegangen werden kann .

Es besteht aber noch ein weiteres sehr großes Problem , nämlich ein tödliches Risiko bei einer Begegnung mit einem Lebewesen aus einem andern Planeten , nämlich das Infektionsrisiko mit tödlichen Krankheitserregern .

Diese Problematik möchte ich hier ausführlicher darstellen :

Schon die Menschen auf unserem Planeten Erde sind recht verschieden und sehen recht verschieden aus, je nachdem welcher Region der Erde bzw. welchem Land sie entstammen .
Schon nach relativ kleinen Entfernungen von wenigen hundert Kilometern kommen wir in andere Länder, wo die Leute z.B. nicht mehr deutsch, sondern holländisch oder französisch sprechen . Schon die Einwohner der europäischen Länder sehen nicht ganz gleich aus . Bei größer werdenden Entfernungen , z.B. in Afrika haben die Leute eine andere Hautfarbe nämlich eine **schwarze Hautfarbe** und in ostasiatischen Ländern begegnen wir die **gelbe Rasse** . In Amerika gibt es bekanntlich die Indianer, die eine **rötliche Hautfarbe** haben usw.

Wenn also schon nach relativ kleinen Entfernungen das Aussehen und die Sprache der Leute sich ändert ,so dürfte es selbstverständlich sein, daß Lebewesen auf andern Lichtjahre entfernten Planeten erst recht völlig anders aussehen müssen .

Wenn wir noch bedenken , daß hier auf der Erde , gleich in welchem Land oder Kontinent, die wesentlichen Faktoren , wie die Gravitation , die mittlere Entfernung von der Sonne , die Zusammensetzung der Erde und der Atmosphäre fast gleich sind , **aber auf den anderen Planeten ganz anders sein können** , so könnten wir uns besser vorstellen und besser verstehen , wie verschieden andere Lebewesen auf anderen entfernten Planeten aussehen könnten .

Dasselbe dürfte auch für ihre Krankheitserreger zutreffen.

Jeder Mensch und auch jedes Lebewesen überhaupt verfügt bekanntlich über ein **Immunsystem** , u.a. zwecks Abwehr von Infektionen .
Das Immunsystem , das wir besitzen, hat sich aber entwickelt im Lauf einer sehr langen Evolution .
Man unterscheidet dabei zwischen der **natürlichen** (angeborenen) und **erworbenen** Immunität , ferner zwischen der **zellulären** und **humoralen** Immunität .

Jeder Krankheitserreger , der in unsere Körper eindringt, wird dadurch identifiziert und durch geeignete Mittel bekämpft .
Wenn wir so ein Immunsystem nicht besitzen würden, wäre wir kaum lebensfähig, da wir uns schnell durch irgendwelche Krankheitserreger , die weit verbreitet sind , infizieren und

daran sterben würden . Die verschiedenen **Immunmangel - krankheiten** beweisen dies .
Wen wir eine Infektionskrankheit schon mal durchgemacht haben (wie z.B. Masern) , wenn also unser Körper sich mit einem Krankheitserreger auseinander gesetzt hat , so entsteht meistens eine **lebenslange Immunität** , so daß wir bei einem erneuten Befall mit demselben Krankheitserreger nicht erneut erkranken .

Es gibt ferner Medikamente (z.B. **Antibiotika**), die uns bei verschiednen Infektionskrankheiten zusätzlich unterstützen.

Unser Immunsystem hat sich im Laufe einer langen Evolution entwickelt und ist somit **gerichtet, gegen die Krankheitserreger , die bei uns auf der Erde vorkommen.**

Wir wissen aber nicht welche Krankheitserreger anderswo auf anderen Planeten vorkommen und haben auch keine Kenntnisse ihrer Struktur .

Sie werden keineswegs identisch sein mit den Krankheitserregern, die hier auf unserer Erde vorkommen .

Sie können völlig anders sein und völlig andere Antigenstrukturen haben , sodaß unser Körper somit keinerlei Erfahrung hätte mit solchen Krankheitserregern und ihren völlig abweichenden Antigenstrukturen.

Unser Immunsystem wäre somit dadurch völlig überfordert , könnte höchst wahrscheinlich dagegen keine Antikörper bilden und wäre somit höchstwahrscheinlich nicht in der Lage den Infekt abzuwehren .
Auch unsere Antibiotika und anderen Medikamente wären völlig wirkungslos bei solchen

Krankheitserregern, sodaß so ein Infekt leicht zum Exitus letalis (Tod) führen würde .

Wenn wir also Besuch bekommen würden von den Lebewesen anderer Planeten, so würden wir dadurch automatisch auch in Berührung kommen mit ihren Krankheitserregern, die allerdings höchstwahrscheinlich tödlich wären für uns .

Das ist meines Erachtens eines der Hauptprobleme einer solchen Begegnung , sodaß auch wenn tatsächlich eines Tages ein Lebewesen von einem fremden Planeten hier auf unserer Erde landen würde , **aus dem Traum ein Alptraum würde , und schlimmstenfalls sogar die gesamten Lebewesen auf unserem Planet vernichtet werden könnten .**

Kapitel 5

Weshalb ist die bisherige Suche nach erdähnlichen Planeten im Universum enttäuschend gewesen?

Schon seit vielen Jahren sucht man im Universum fieberhaft nach erdähnlichen Planeten, in der Hoffnung , auch anderswo im Universum intelligente Lebewesen zu finden .

Der erste **extrasolare Planet** wurde 1995 entdeckt.

Die Suche nach Planeten im Universum ist u.a. deswegen erheblich schwieriger als die Suche nach Sternen, da die Planeten bekanntlich über keine aktive eigene Leuchtkraft verfügen und deswegen **erheblich schwächer leuchten** als die Sterne , und werden außerdem auch von ihren Zentralsternen bzw. Begleitsonnen **überstrahlt** , sodaß sie meistens **nicht direkt** nachweisbar sind .

Es sind im Laufe der Zeit hauptsächlich folgende Methoden für die Suche nach den sogenannten **extrasolaren Planeten** entwickelt worden :

1. Indirekte Methoden:

1. **Doppler-Methode**: Das ist die bisher wichtigste, bekannteste und erfolgreichste Methode und die meisten Planeten sind nach dieser Methode entdeckt worden .
Wenn ein Stern von einem Planeten begleitet wird, so rotiert der Planet um den Stern , ähnlich wie die Planeten unseres Sonnensystems unsere Sonne umkreisen . Tatsächlich aber rotiert auch der Begleitstern selbst um den Planeten , da beide Objekte unter dem gegenseitigen Einfluß ihrer Gravitationen praktisch um den gemeinsamen Schwerpunkt rotieren, sodaß der Stern dadurch quasi etwas eiert , d.h. er schwankt dadurch geringfügig in seiner Position hin- und her .

Diese Schwankungen machen sich durch den **Doppler-Effekt** bemerkbar, d.h. es entstehen dadurch **abwechselnde Rot- und Blauverschiebungen** , die auf der Erde durch starke Teleskope und Spektralanalyse nachweisbar sind und gemessen werden können.

Deswegen suchen einige Astronomen fieberhaft den Himmel nach solchen Phänomen ab und haben bisher dadurch tatsächlich einige Planeten gefunden.

2. **Astrometrische Messung**: Bei dieser Methode werden die oben beschriebenen Bewegungen des Sterns nicht im Spektrum des Sterns durch Doppler-Effekt erfasst, sondern die **Positionsänderungen werden direkt gemessen** .

3. **Transitmethode**: Wenn ein Planet vor einem Stern vorbeizieht, so entsteht eine **Helligkeitsabnahme** des Sternes, da der Stern dadurch teilweise bedeckt wird . Diese Helligkeitsschwankungen können photometrische erfasst werden.

4. **Gravitational Microlensing**: beruht darauf, daß die Gravitation der Himmelskörper wie eine Linse wirken kann , sodaß beim Vorbeiziehen eines Planeten vor einem Stern eine **kurzfristige** Verstärkung bzw. **Helligkeitszunahme** des Lichtes des Sterns auftreten kann , der dahinter liegt .

2. **Direkte Beobachtung:** Es ist mittlerweile gelungen, auch durch direkte Beobachtung Planeten zu entdecken, jedoch ganz vereinzelt und die Ergebnisse sind außerdem auch nicht ganz sicher.

Die anfängliche große Freude und Begeisterung ist jedoch mittlerweile einer großen Enttäuschung gewichen, da so gut wie alle dadurch bisher gefundene Planeten alles andere sind als erdähnlich .

Bis jetzt sind insgesamt knapp 300 extrasolare Planeten entdeckt worden .

Bei weitaus den meisten dieser Planeten handelt es sich allerdings um **sehr große Gasplaneten** , wie der Planet Jupiter ,die außerdem die jeweiligen Begleitsonnen sehr nah umreisen und somit sehr heiß sein dürften , sodaß die Existenz jeglichen Lebens dort höchst unwahrscheinlich , wenn nicht ausgeschlossen ist , geschweige denn die Existenz von höheren und intelligenten Lebewesen . **Sie sind deswegen mit unserer Erde keineswegs vergleichbar .**

Es fragt sich nun weshalb alle diese Bemühungen und Methoden bisher nicht erfolgreich waren .

Die Antwort lautet:

Planeten, die hier auf der Erde mit den bis heute zur Verfügung stehenden Instrumenten **nachweisbare** Rot- bzw. Blauverschiebung, eine hier **messbare** Positionsänderung oder eine Helligkeitsschwankung eines Sterns verursachen , <u>**müssen**</u> **zwangsläufig folgende Eigenschaften haben (sonst wären sie mit den heutigen technischen Möglichkeiten nicht nachweisbar):**

1. Es **muß** sich um **sehr große** Planeten handeln.

2. Die Umkreisungsbahn des Planeten **muß sehr nah** am Zentralgestirn sein (sonst wären die Schwankungen des Sterns zu klein und nicht nachweisbar).

3. Genau deswegen **muß** der betreffenden Planet **sehr heiß** sein.

4. Deswegen ist es dort höchst **unwahrscheinlich** , **intelligente Lebewesen** zu finden .

Das sind exakt die Ergebnisse , die man mit diesen Methoden bisher mühevoll gefunden hat , **die allerdings sehr schnell alle vorhersehbar waren** ,wie gerade erwähnt.

Wenn man also über diese Methoden von vornherein gründlicher nachgedacht hätte, so hätte man sich viel Geld, Zeit und Mühe ersparen können .

Wenn man nach erdähnliche Planeten im Universum sucht, so muß einem also von vornherein klar sein :

1. Erdähnliche Planeten können nicht das Zentralgestirn sehr nah umkreisen , da sie sonst zu heiß wären .

2. Wegen der größeren Entfernung von dem Zentralgestirn können aber die Bewegungen des Zentralgestirns nicht so groß sein, daß sie hier auf der Erde nachweisbar wären .

Zum effektiven Entdecken von erdähnlichen Planeten sind die technischen Voraussetzungen z. Zeit noch nicht gegeben, d.h. daß die z. Zeit zur Verfügung stehenden Instrumente bei weitem nicht stark genug sind, und es wird schätzungsweise ca. 10-20 Jahren dauern , bis solche Instrument zur Verfügung stehen.

Es sind bisher Milliarden Beträge in solche Projekte investiert worden und praktisch in den Sand gesetzt. Wenn man über die obigen Tatsachen gründlich nachgedacht hätte, so wäre dies und auch viel Enttäuschung erspart geblieben.

Mann sollte auch und insbesondere im Bereich der Wissenschaften nicht versuchen auf Gedeih und Verderb etwa zu forcieren, was unmöglich erscheint, sondern rechtzeitig umdenken.

Bei der Suche nach erdähnlichen Planeten sollte eine Pause von ca. 10-20 Jahren eingelegt werden ,bis die notwendigen technischen Fortschritte da sind und geeignete <u>erheblich</u> stärkere Instrumente zur Verfügung stehen. Erst dann lohnte es sich nochmals zu versuchen.

Die dadurch ersparten weiteren Milliarden sollte man für erfolgversprechendere Projekte einsetzen, oder für sinnvollere Zwecke verwenden.

Bei der Suche nach erdähnlichen Planeten im Universum ist deswegen meines Erachtens ein **totales Umdenken** erforderlich , das auch von den folgenden Überlegungen ausgehen muß :

Wenn man überlegt , daß unsere Sonne von vornherein gleichzeitig zusammen mit ihren Planeten entstanden ist und ferner unsere Sonne nichts Einmaliges ist ,**so liegt der Gedanke nahe, daß auch zahlreiche andere Sterne gleichzeitig zusammen mit einigen sie begleitenden Planeten entstanden sein dürften . Das ist sogar sehr wahrscheinlich** .

Dies bedeutet, daß zahlreiche Sterne im Universum über ein Planetensystem verfügen müssten . **Es müßten also im Universum mehrere Milliarden Sterne existieren, die über ein Planetensystem verfügen** .

Wenn wir allerdings nach erdähnlichen Planeten suchen , so ist zu bedenken, daß nicht bei jedem Planetensystem ein erdähnlicher Planet vorhanden sein muß , mit der vergleichbaren Größe ,mit dem optimalen richtigen Abstand zur betreffenden Sonne , mit Wasservorkommen, mit einer geeigneten Atmosphäre , mit einem vergleichbaren Magnetfeld ,mit festem Boden , usw.

Deswegen könnte praktisch in der Nähe von jedem Stern im Universum nach Planeten gesucht werden , jedoch mit der obigen Einschränkung ,wenn erheblich stärkere Instrumente zur Verfügung stehen .

Allerdings sind die Sterne der 1. Ordnung dafür nicht geeignet, da zwar auch sie über ein Planetensystem verfügen können , aber weil dort kein Leben vorkommen

kann , da die meisten chemischen Elemente dort nicht
vorhanden sind .

Kapitel 6

Die Erde

Unser blauer Planet   ist eine Schönheit .   Diese Schönheit   hat sich jedoch langsam im Laufe von Milliarden   Jahren entwickelt.
Anfänglich war unser Planet nicht einmal blau , da auf seiner Oberfläche noch kein Wasser vorhanden war , ja es existierte nicht einmal eine Atmosphäre .
Es ereigneten sich laufend gewaltige Vulkanausbrüche, die Feuer , Lava, Asche und vor allen gewaltige Mengen Wasserdampf und Gase ausspuckten. Unsere Erde war ferner am Anfang insofern ein toter Planet, als noch kein Leben existierte, weil die Voraussetzungen für die Entstehung und Existenz der Lebewesen auf der Erde fehlten.

Wenn wir uns unsere Erde von außen , d.h. vom Weltraum ansehen (s. Abb. 1), und sie mit den anderen Planeten unseres Sonnensystems vergleichen würden , so läßt die **blaue Farbe** des Planeten ahnen, daß wir es nicht nur mit einem Planeten mit außergewöhnlicher Schönheit zu tun haben , sondern auch mit einem Planeten, der eine Sonderstellung in unserem Planetensystem einnimmt .

Noch in der ersten Hälfte unseres Jahrhunderts hatten wir keine Ahnung , wie unsere Erde wirklich von draußen aussieht.

Abb . 1

Unsere Erde hat aber keineswegs am Anfang , d.h. vor ca. 4,6 Milliarden Jahre bei bzw. kurz nach ihrer Entstehung , so ausgesehen wie heute, da die blaue Farbe noch fehlte ,weil kein Wasser auf der Erde vorhanden war . Sie hatte anfänglich nicht einmal eine Atmosphäre .

Unser Planet hat eine 4,6 Milliarden Jahre alte Geschichte hinter sich. Anfänglich war die Erdoberfläche heiß , es brachen laufend **gewaltige Vulkane** aus, die durch Gasausbrüche langsam dafür sorgten, daß sich eine **Atmosphäre** bildete, die allerdings anfänglich eine völlig andere Zusammensetzung hatte und noch keinen Sauerstoff enthielt. Die UV-Stahlen der Sonne konnten bis zur Oberfläche der Erde vordringen und hätten jegliches Leben auf der Erde zerstört.
Langsam kühlte sich die Erde ab .
Die gewaltigen Vulkane sorgten dafür, daß sich langsam **Wasser** auf der Oberfläche der Erde sammelte, da die Vulkane gleichzeitig gewaltige Mengen von Wasserdampf nach außen beförderten , der sich abkühlte . Es entstanden im Laufe von Jahrmillionen langsam **Ozeane** .

Die ersten Lebewesen entstanden in den Ozeanen, da das Wasser die UV-Strahlen der noch atmosphärenlosen Erde ausfiltrierte .

Nicht einmal die Kontinente, in der heutigen Form wie wir kennen , existierten, sondern mußten sich langsam entwickeln .

Unsere heutige Erdkruste besteht aus 6 größeren und ca. 10 **Platten** bzw. **Schalen** , ähnlich wie Eierschalen, die sich langsam gegeneinander verschieben , so daß es sich Spannungen zwischen den betreffenden Platten aufbauen , die sich von Zeit zu Zeit in Form von **Erdbeben** entladen , indem es zu ruckartigen kurzen aber gewaltigen Bewegungen zwischen den einzelnen Schalen kommt. Diese Erdbeben führen bekanntlich teilweise zu verheerenden Zerstörungen und können teilweise sogar ganze Städte innerhalb von Sekunden bzw. wenigen

Minuten zerstören , wie z.B. der große Erdbeben in San Francisco im Jahre 1906 .

Unsere Erde führt einige **Bewegungen** aus:
1. Sie **rotiert** um die eigene Achse , wobei jede Rotation jeweils ca. 24 Stunden dauert, so daß Tag und Nacht entstehen kann .

2. Sie **umkreist die Sonne** mit einer großen Umlaufgeschwindigkeit von 29.8 km/s, wobei jede Umkreisung ca. 1 Jahr dauert . Dadurch entstehen die Jahreszeiten.

3. Sie führt eine sogenannte **Präzession** durch , die jeweils 25850 Jahre dauert .

Auch diese Bewegungen haben sich im Laufe der Jahrmilliarden seit der Entstehung der Erde geändert:

Wir wissen, daß die Erde früher schneller um die eigenen Achse rotiert hat, so daß die Tage und die Nächte früher kürzer gewesen sein müssen.

Wir wissen ferner, daß die mittlere Entfernung der Erde zur Sonne früher kleiner war und langsam größer geworden ist, so daß früher die Erde heißer und die Jahre kürzer gewesen sein müßten

Wie bereits erwähnt , stehen wir keineswegs auf einem stabilen und ruhenden Boden Unsere Erde steht nicht still, sondern dreht sich mit einer enormen Rotationsgeschwindigkeit von 465 m/s (gemessen am Äquator) um die eigene Achse und umkreist außerdem unsere Sonne mit einer Riesengeschwindigkeit von 29.8 km/s . Auch unsere Sonne steht ebenfalls nicht still, sondern dreht sich zusammen mit unserer Erde und ihren übrigen Planeten um das Zentrum unserer Galaxie, und zwar mit einer völlig unvorstellbaren Geschwindigkeit von 150-250 km/s . Zum Vergleich: wenn wir mit dem Auto auf der Autobahn mit einer Geschwindigkeit von ca. 160 Km/h (wohl bemerkt pro Stunde und nicht pro Sekunde !) bewegen , so kommt uns die Geschwindigkeit als sehr hoch vor , unsere modernen Passagierflugzeuge fliegen mit einer Geschwindigkeit von etwas über 1000 km/h, die Schallgeschwindigkeit beträgt 331 m /s in der Luft Unsere Galaxie bewegt sich ihrerseits zusammen mit unserer Erde und mit unserem gesamten Sonnensystem im Rahmender Expansion des Universums ebenfalls mit einer enormen und völlig unvorstellbaren Geschwindigkeit . **Alle dieser Bewegungen spüren wir nicht.**

Unsere Erde wird ferner begleitet von einem wunder schönem Mond, der innerhalb von 27,32 Tage die Erde einmal umkreist.
Auch unser Mond hat früher um die eigene Achse rotiert. **Diese Rotation ist irgendwann praktisch zum Stillstand gekommen** (mit Ausnahme der sogenannten **gebundenen Rotation**) so daß der Mond von der Erde aus betrachtet , immer nur von einer Seite zu sehen ist.

Wenn Sie mich fragen ,ob unser Mond in dieser Form uns immer erhalten bleiben wird, so lautet meine Antwort : Nein.
Warum ?
Wir wissen, daß der Mond einerseits von der **Gravitation** der Erde angezogen wird, andererseits unter der Einwirkung der durch die Umkreisung der Erde entstehender **Zentrifugalkraft** steht. Dieses **Kräftepaar** sorgt dafür, daß

der Mond auf einem ziemlich stabiler Bahn die Erde umkreisen kann. Aber dadurch , daß unser Mond nicht mehr um die eigene Achse rotiert, wird sie von diesem Kräftepaar kontinuierlich und ständig *von* **denselben Stellen** in 2 entgegengesetzten Richtungen gezogen (wenn sie rotieren würde, würde dies nicht der fall sein, da dieses Kräftepaar dann an verschiedenen Stellen wirken würden) . **Dies wird im Laufe der Zeit dazu führen, daß unser Mond mindestens in 2 Teile auseinander brechen wird, wahrscheinlich jedoch in viele Teile. Diese letztere Möglichkeit würde dazu führen, daß wir um unsere Erde auch einen Ring bzw. ein Ringsystem bekommen würden , wie z.B. das bei dem Planeten Saturn der Fall ist. Was für einen schönen Ausblick !!!!**

Im übrigen sind höchstwahrscheinlich auch die Saturn-Ringe auf dieser Art entstanden .
Diese Phänomene sind ausführlicher dargestellt im Kapitel 7, deswegen s. dort .

Wenn wir uns mit den geschilderten Phänomenen auseinandersetzen und kritisch und analytisch darüber nachdenken , so wird uns folgendes auffallen:

1. Es handelt sich um ständige Bewegungen :
    a. Die Erde rotiert um die eigene Achse
    b. Außerdem zeigt sie eine weitere Bewegung , nämlich die Präzession
    c. Ferner umkreist die Erde die Sonne .

2. Alles wiederholt sich immer wieder (Tage, Nächte, Sommer , Winter usw.).
3. Die Bahn der Erde um die Sonne ist im Laufe der Jahrmilliarden immer größer geworden

4. Die Rotationen der Erde um die eigene Achse sind im Laufe der Zeit immer langsamer geworden.
5. Der Mond umkreist die Erde
6. Die anfänglich vorhandenen Rotationen des Mondes Um ihre eigene Achse sind im Laufe der Zeit praktisch zum Stillstand gekommen (gebundene Rotation).
7. Auf der Erde ist Leben entstanden.
8. Die Erde scheint der einzige bewohnte Planet innerhalb unseres Sonnensystems zu sein.
9. Die Energie dieser Erscheinungen scheint unausschöpfbar zu sein.

Wen wir intensiv und kritisch über diese Phänomene nachdenken, so werden wir uns ferner folgende Fragen stellen:

1. Weshalb bewegt sich alles?
2. Weshalb sind diese Bewegungen geordnet und bestehen hauptsächlich aus 3 verschiedenen Bewegungen?
3. Weshalb bleiben diese Bewegungen über so viele Jahrmilliarden praktisch unverändert?
4. Was ist der Sinn dieser ständigen Wiederholungen?
5. Weshalb ist die Bahn der Erde um die Sonne im Laufe der Zeit größer geworden?
6. Weshalb ist die Rotation der Erde im Laufe der Jahrmilliarden langsamer geworden?
7. Weshalb rotiert der Mond , der früher rotiert hat, nicht mehr?
8. Weshalb ist die Erde der einzige bewohnte Planet innerhalb unseres Sonnensystems?
9. Wie ist das Leben auf der Erde entstanden?
10. Wird das alles immer weiter gehen oder geht alles eines Tages zu Ende und Warum?

11. Wieso scheint die erforderliche Energie unausschöpfbar
    zu sein?
12 Wer bzw. welcher Schöpfer hat dies alles geschaffen
    und in Bewegung gesetzt ?

**Teilweise sind die Antworten auf diese Fragen schon
bekannt. Teilweise sind sie jedoch bisher unbekannt
und werden durch meine diversen Theorien beantwortet.**

Zu Nr. 1 und 2   : **Bewegung (als Umkreisung und
Rotation) ist das Überlebensrezept des Universums.**
Deswegen muß sich auch unser Planet Erde sich bewegen
um zu überleben . Anders ausgedrückt, wenn sie sich nicht
bisher immer bewegt hätte , wäre sie schon längst nicht
mehr existent und wäre zerstört worden . Warum ?

Wegen der ausführlichen Behandlung und Beantwortung
dieser Frage muß verwiesen werden auf **meine Bücher
„Das Geheimnis der Entstehung des Universums, meine
DPNS-Theorie" und „ Die Geheimnisse der Evolution".**
Hier im Rahmen dieses Kapitels bzw. dieses Buches kann
leider nur kurz darauf eingegangen werden

a.   **Rotation :**   Unser Erde sowie die   anderen
Himmelskörper stehen ständig unter der Einwirkung von 2
entgegengesetzten Kräften: 1. Gravitationskraft , die sie
anzieht ,und   2. Zentrifugalkraft, die sie sozusagen abstoßt
und versucht aus der Bahn zu werfen
(s. Abb. 2).

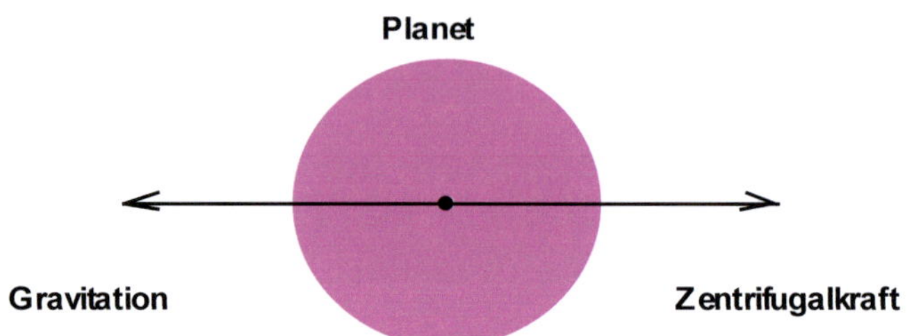

Abb. 2

Wenn sie sich nicht ständig drehen (rotieren) würde, so würde sie durch die ständige Einwirkung dieser 2 entgegengesetzten , gleich starken Kräfte im Laufe der Zeit (gemeint ist hier natürlich längere Zeiträume von Jahrtausenden ,Jahrmillionen und Jahrmilliarden) auseinander gerissen werden (wie bereits erwähnt, wird meiner Meinung nach , dies z.B. das Schicksal unseres Mondes sein, deren früher bestandene Rotationen aufgehört haben) .

Denn wenn 2 entgegengesetzt wirkende Kräfte auf ein stehendes Objekt wirken würden , so würden sie ständig auf denselben Punkten des Objektes wirken, und das Objekt in relativ kurzer Zeit auseinander reißen und zerstören, während bei einem sich bewegenden Objekt (z.B. bei einem rotierenden Objekt) diese Kräfte jeweils nur kurze Zeit auf denselben Punkte wirken und das Material nicht zerstören könnten.

Die Rotation der Erde und der anderen Himmelskörper ist also praktisch sozusagen Ihr Überlebensrezept in der Natur . Deswegen stellen auch stehende Himmelskörper im Universum echte Raritäten dar , da sie schon längst zerstört worden wären, wenn sie existiert hätten. Es handelt sich somit um eine Art **Selektion** , ähnlich wie bei der Evolution.

b. **Umkreisungen** : Die Ursache der Umkreisungen auf festen Bahnen sind seit Newton gut bekannt und beruhen bekanntlich auf das Entgegen wirken von 2 Kräftepaaren der **Gravitation** einerseits, und **Zentrifugalkraft** andererseits, sodaß hier nicht ausführlicher darauf eingegangen zu werden braucht.

Im übrigen sind auch die Umkreisungen zum Überleben der Himmelskörper zwingend erforderlich, da sie sich sonst sozusagen blind durch den Raum bewegen würden , bis sie im Bereich des Gravitationsfeldes eines Sterns bzw. eines sonstigen größeren Himmelsobjektes geraten und mit diesen zusammenstoßen (wie wir z.B. dies beim Zerschellen der Fragmente des Schumacher -Kometen gesehen haben).

Ferner kommt die Zentrifugalkraft erst durch die Umkreisung zustande und führt zur Kompensation des Gravitationsfeldes ,die Voraussetzung ist für das Zusande kommen eine stabilen Umkreisung .

c. **Die Präzession** ist meines Erachtens darauf zurückzuführen, daß es **erstens** äußerst selten Idealzustände bzw. reine schematisierte Bewegungen in der Natur gibt ,wie z.B. reine Rotationen, sondern daß **alles leicht von der Idealform abweicht** , im Rahmen der möglichen Zufälle , und daß **zweitens** bei der

Entstehung der Erde nicht die ganze bestehende Energie in Rotation und Umkreisung umgewandelt werden konnte, sondern daß eine **Restenergie** übrig blieb, die Präzession erzeugte . Dies unterstreicht nochmals die Zufälligkeit des Ganzen.

Wir können uns dies z.B. so klar machen: Wenn wir versuchen einen Kreisel in Drehbewegung zu versetzen , wird es selten gelingen eine ideale reine Kreisbewegung zu erzeugen, sondern der Kreisel wird sich zwar um die eigene Achse drehen, aber gleichzeitig wird auch die Achse des Kreisels (langsamere) exzentrische Drehbewegungen ausführen (d.h. etwas eiern) s. Abb. 3

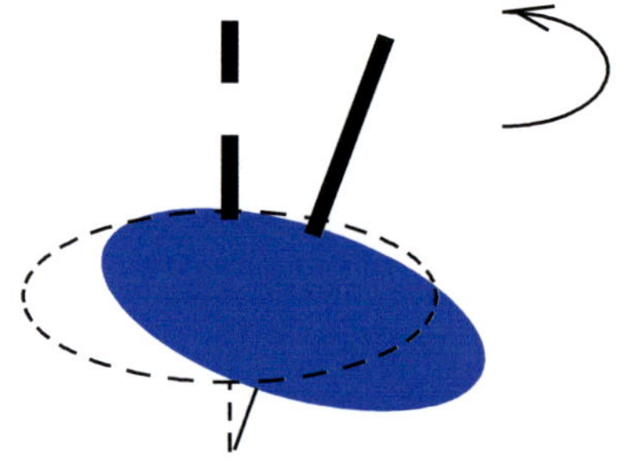

Abb. 3

Überhaupt scheinen reine , ideale Bewegungen jeglicher Art (Rotationen, Umkreisungen usw.) eine Ausnahme darstellen und kombinierte Bewegungen die Regel zu sein. Deswegen ist durchaus denkbar und sogar sehr wahrscheinlich, daß auch die übrigen Himmelskörper keine absolut reinen Bewegungen durchführen , sondern daß ihre

Bewegungen begleitet werden von anderen Bewegungen , ähnlich wie bei dem Beispiel Kreisel.

Zu Nr. 2 und 3 : Weil es sich dabei um **stabile** und **durch ein Kräftepaar ausgeglichene Bewegungen** handelt, die über längere Zeiträume aufrechterhalten werden können . Z.B. bei einer geradlinigen Bewegung wäre die Erde schon längst mit anderen Himmelsobjekten zusammen gestoßen und zerstört worden , wie wir am Beispiel der Kollision des Schumacher-Kometen mit dem Jupiter gesehen haben. Es handelt sich somit auch hier um eine **Selektion** der Bewegungen, derart, daß nur Bewegungen , die zum Überleben führen Erfolg haben und übrig bleiben ,während die anderen Bewegungen, die tödlich sind von selbst zerstört werden **(Näheres s. meine Bücher, worauf oben verwiesen worden ist , ferner meine diesbezüglichen Theorien und wissenschaftlichen Arbeiten) .**

Zu Nr. 4 : Es handelt sich um ein Teil des ganzen Geschehens im Universum (Näheres s. **mein Buch „ Das Geheimnis der Entstehung des Universums, meine DPNS-Theorie")** .

Zu Nr. 5, 6 und 7: Die ausführliche Beantwortung dieser Fragen würden den Rahmen dieses Buches sprengen . Deswegen muß nochmal verwiesen werden auf **mein Buch „ Das Geheimnis der Entstehung des Universums, meine DPNS-Theorie"** . Nur soviel hier im Rahmen dieses Kapitels:

Gemäß dem 1. Newtonschen Axioms hätten die Rotationen der Erde nicht langsamer werden können, die Rotationen des Mondes hätte nicht aufhören können und auch die Umlaufbahn der Erde um die Sonne nicht kleiner werden können . Bei dem 1. Newtonschen Axiom handelt es sich jedoch um einen Idealfall, bei dem wirklich auch nicht eine winzige äußere Kraft auf das System einwirkt. Schon ein kleiner Reibungswiderstand würde dazu führen , daß dieses Gesetz nicht mehr anwendbar wäre . Wir wissen seit kurzem , daß auch der interstellarem Raum nicht völlig leer ist, wir früher angenommen wurde, sondern dort kleine Mengen Elementarteilchen , sowie Atome und Moleküle vorhanden sind . Wir wissen seit kurzem z.B. auch , daß auf der Erdbahn um die Sonne viele kleinere Teilchen (Staub) vorhanden sind . Dies alles hätte zur Folge, daß eine geringe Reibungskraft vorhanden ist, die wenn man jedoch den Zeitfaktor von Milliarden Jahren berücksichtigt, durchaus groß sein kann . Deswegen ist durchaus vorstellbar, daß dies im Laufe der Jahrmilliarden zu einer Verlangsamung der Erdrotation, dem Sistieren der Mondrotation und dem Kleinerwerden der Erdbahn geführt hat .

Zu Nr. 8 : Weil die Erde der einzige Planet in unserem Sonnensystem zu sein scheint, der Bedingungen erfüllt, die für die Entstehung des Lebens zwingend notwendig sind: z.B. **gemäßigte Temperaturen, Wasser** usw.

Zu Nr. 9, 10, 11 und 12 : Auch auf diese Fragen kann leider hier nicht näher eingegangen werden, da sonst der Rahmen dieses Buches gesprengt würde . Deswegen muß nochmls verwiesen werden auf **meine Bücher „ Das Geheimnis der Entstehung des Universums, meine DPNS-Theorie“ und „ Geheimnisse der Evolution“** .

Kapitel 7

Wird unsere Erde in Zukunft mehrere Monde bekommen oder sogar einen Ring?

Stellen Sie sich einmal vor, wir schauen uns einmal den Nachthimmel an , und sehen sehr erstaunt 2 Monde am Himmel anstatt einen Mond, oder überhaupt keinen Mond und anstatt dessen einen Ring , ähnlich wie bei dem Saturnring. **Wirklichkeit oder Utopie ?**

Nein das braucht keine Utopie zu sein und kann eines Tages Wirklichkeit werden, auch wenn dies in sehr ferner Zukunft liegen sollte .

Unser Mond hat früher auch eine schnellere **Rotation** um die eigene Achse gehabt. Im Laufe der Zeit ist diese Rotation praktisch zum Stillstand gekommen, so daß gegenwärtig sich der Mond uns immer von der gleicher Seite zeigt (genau genommen zeigt er eine sogenannte **gebundene Rotation,** dies bedeutet , daß sie in genau 27,3 Tagen einmal um die eigene Achse rotiert , d.h. in exakt derselben Zeit , die sie braucht um einmal die Erde zu umkreisen).

Der Mond , sowie alle Planeten, stehen bekanntlich unter der ständigen Einwirkung von **2 entgegengesetzt wirkenden Kräften** : von der einen Seite werden sie von der **Gravitationskraft** angezogen , und von der anderen Seite von der **Zentrifugalkraft** beeinflußt, die in Gegenrichtung zur Gravitationskraft wirkt (d.h. nach außen). Diese 2 Kräfte sind gleich stark aber entgegen gerichtet, so daß ein Gleichgewicht herrscht und der Mond auf seiner Umlaufbahn um die Erde praktisch festgehalten wird (s. Abb. 1):

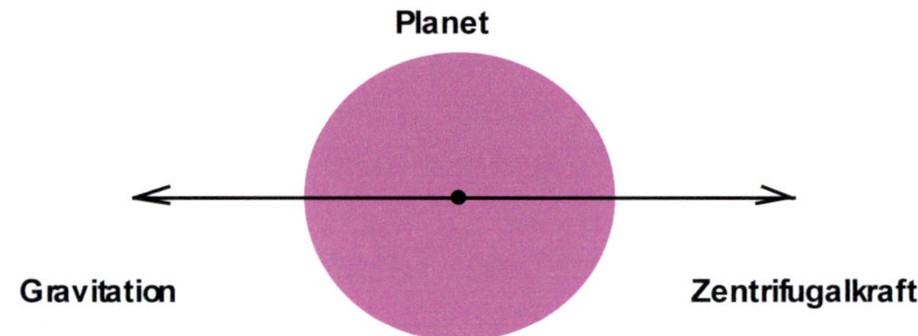

Abb. 1

Jedoch dadurch, daß die Monde und Planeten sich gleichzeitig um die eigene Achse **rotieren**, wirken diese 2 Kräfte nie lange an denselben Stellen der Monde bzw. der Planeten , sondern laufend an verschiedenen Stellen.

Wie oben bereits angeführt, rotiert der Mond mittlerweile praktisch nicht mehr um die eigenen Achse, sodaß nunmehr diese 2 Kräfte immer an denselben Stellen des Mondes wirken . **Dies wird jedoch zwangsläufig dazu führen, daß der Mond irgendwann entweder in 2 Teilen zerreißt, oder in viele kleine Teile zerbricht, die sich dann wie ein Ring über die Bahn verteilen würden. So ist höchstwahrscheinlich auch der Ring von Saturn entstanden (s. Abb. 2) :**

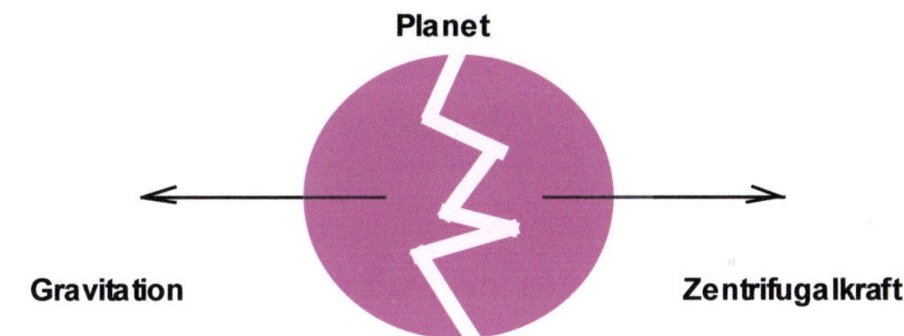

Abb. 2

So ist die obige Vorstellung am Anfang dieses Kapitels keineswegs eine Utopie, sondern **ist überhaupt ein Schicksal vieler Planeten und Monde** , nicht nur innerhalb unseres Sonnensystems, sondern selbstverständlich **auch der anderen Sonnensysteme im Universum** , sobald die eigenen Rotationen im Laufe der Zeit zum Stillstand kommen .

So gesehen , ist die eigene **Rotation** der Himmelsobjekte eine Art Schutzmechanismus gegen die Zerstörung und eine Art **Überlebensrezept** der Natur, genau wie die **Umkreisungen** der Himmelsobjekte.
Wären die Umkreisungen nicht da, so würden diese Himmelsobjekte von den größeren angezogen und durch Zusammenstoß mit diesen zerstört werden (wegen einer erheblich ausführlicheren Darstellung solcher faszinierenden Phänomene wird verwiesen auf **meine Bücher „ Das Geheimnis der Entstehung des Universums, meine DPNS-Theorie"** und **„ Geheimnisse der Evolution „)** .

Im übrigen werden alle Rotationen ständig langsamer werden und eines Tages zum Stillstand kommen, weil die 2 entgegengesetzte Kräfte Gravitation und Zentrifugalkraft eine Bremsung bewirken, die unschwer vorstellbar ist. Auch unsere Erde wird davon nicht verschont bleiben. **Wir wissen, daß unsere Erde früher schneller rotiert hat** und die Rotationen im Laufe der Zeit langsamer geworden sind, **so daß die Tage und Nächte länger geworden sind.**

Hinzu zu fügen ist noch, daß **auch die Umkreisungen keine Dauererscheinungen sind** , weil im Laufe der Zeit die Energievorräte unserer Sonne , wie auch der anderen Sterne abnehmen , da laufend Masse in Energie umgewandelt wird, so daß dadurch auch die Gravitationskraft der Sonnen im Laufe der Zeit abnimmt . **Dadurch werden die Planeten näher gerückt .** Wie wissen z.B. daß unsere Erde früher weiter entfernt war zu der Sonne wie heute.

Kapitel 8

ENERGIE

Was ist Energie?
Welche Bedeutung hat sie?
Was sind Energieerscheinungen?
Gibt es Wechselwirkungen der Energie?
Was ist der Dualismus der Materie und der elektromagnetischen Wellen ?

(Falls Sie dieses Kapitel nicht gut verstehen sollten, weil Ihre Physik-Kenntnisse nicht dazu ausreichen, bitte nicht deswegen verzweifeln , da Sie dann trotzdem die nächsten Kapitel verstehen können) .

Als Einführung in die Thematik dieses Kapitels schauen wir uns zunächst einige Bilder an :

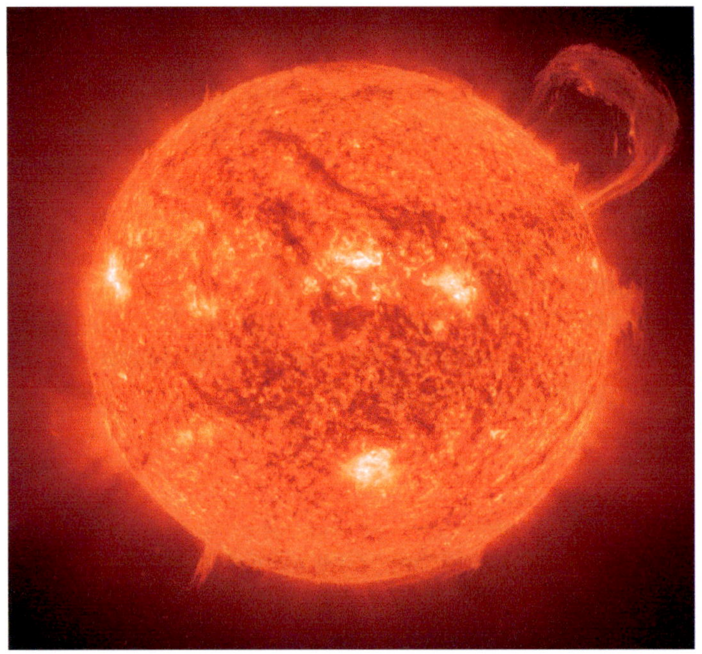

Bildquelle: Nasa-Hubble

Abb. 1
(**Sonne**)

Bildquelle :PixelQuelle.de

Abb. 2
(**Feuer**)

Bildquelle :PixelQuelle.de

Abb. 3
(Feuerwerk)

Wir meinen alle zu wissen, was Energie ist. Sonnenenergie, Licht, Wärme, die Kraft, die unsere Autos fortbewegt, unsere Muskelkraft, das alles bezeichnen wir als Energie. Es handelt sich dabei jedoch nur um Energie**erscheinungen** bzw. **-arten**. Wir sprechen ferner von Kohlen- oder Ölenergie ; letztere beziehen sich aber lediglich auf Energie**träger** . Jeder weiß, was eine Energiekrise ist, und hat auch höchstwahrscheinlich sie näher zu spüren bekommen, wenn er im Winter in seiner Wohnung gefroren hat. Das sind aber Energie**wirkungen.**

Draußen ,im Universum, kommen gewaltige Energiebeträge vor; wir können uns z.B. davon überzeugen, wenn wir uns unsere Sonne oder die Quasare anschauen. Es handelt sich aber dabei wiederum um Energie**erscheinung** bzw. -**wirkungen** großer Dimensionen.

Es wäre durchaus vorstellbar, daß wir dem Wesen der Energie näher kämen, wenn wir uns eine Energiequelle bzw. Energieproduktionsstätte ansehen würden.
Eine solche Stätte wäre z.B. ein Elektrizitätswerk oder ein Atomreaktor. Wir könnten uns jedoch dabei nur davon überzeugen, **wie** Energie erzeugt wird, die wahre Natur der Energie bleibt uns jedoch weiterhin verborgen.

Nachdem unsere Versuche über den Umweg der Energiequelle und Energieerscheinungen die wahre Natur der Energie zu erfassen nicht erfolgreich verliefen, müssen wir uns eine andere Methode einfallen lassen.

Unsere Sprache kennt z.B. Eigenschaftswörter wie energisch, kräftig usw. Wäre das vielleicht eine Möglichkeit, der Sache näher zu kommen? Als energisch bezeichnen wir Menschen, die z.B. sehr aktiv sind, sich gut durchsetzen können und vital sind. Sportler sind z.B. kräftig und haben große Energiereserven. Was steht aber dahinter? Wie sieht die genaue Natur ihrer Energie aus?

Wie wir sehen, kommen wir aber auch so nicht viel weiter.

Eine kritische Auseinandersetzung setzt im allgemeinen Definitionen voraus. **Wenn wir in einem Physikbuch oder in einem Lexikon nachschlagen, so wird dort die Energie definiert , als die Fähigkeit , Arbeit zu leisten, als Arbeitsvorrat.** Das ist zwar abstrakt, vermittelt uns jedoch einen Eindruck über die wahre Natur der Energie .

Energie als solche entzieht sich unseres Bewußtseins, damit auch der wahre Charakter der Materie, als eine Energieform.

Wir kennen viele Formen der Energie z.B. Wärmeenergie, Druckenergie, kinetische Energie, Strahlenenergie, elektrische und magnetische Energie usw.
Energie kann sich also in verschiedenen Masken bzw. Kleidern zeigen, Mit diesem Phänomen wollen wir uns nachfolgend etwas näher befassen:

Die 3 Stufen der Energie:

Die **Energie** ist die Potenz, Arbeit zu leisten und entzieht sich als solche unseres Bewußtseins direkt. Z..B. in Kohle oder Öl steckt Energie, das wissen wir aber durch Erfahrung, die Energie als solche bleibt jedoch abstrakt. Wenn wir Kohle oder Öl verbrennen, so ist die Flamme bzw. die Wärme eine **Energieerscheinung** bzw. -art, die uns auch dann noch nur durch unsere Vorerfahrung und Vorwissen als Energieerscheinung bekannt ist. Kleine Kinder müssen z.B. diese Vorerfahrung erst gewinnen, sie müssen sich erst z.B. die Finger verbrennen, bis sie diese Erfahrung gewinnen. Die eigentliche **Arbeit** wird aber erst geleistet, bzw. die Energie entfaltet sich erst richtig, wenn z.B. Wärme entsteht z.B. ein Raum oder Wasser erwärmt wird . Die ist gleichzeitig auch der **Energieeffekt** .

Ähnlich ist es auch mit anderen Energiearten, z .B. mit der radioaktiven Energie.. Den Alpha- , Beta- , oder Gamma-Wellen ist zunächst nicht ohne weiteres anzusehen, daß sie starke Energieträger bzw. - erscheinungen sind, und erst durch unsere Vorkenntnisse bzw. erst wenn sie einen Schaden verursacht haben, verraten sie sich als solche.

Die Energie hat also 3 Stufen , die schematisch folgendermaßen dargestellt werden können:

Energie $\longrightarrow$ **Energieerscheinung bzw. -art** $\longrightarrow$ **Effekt bzw. Arbeit**

Diese Ausdrücke sind gleich bedeutend mit :

Potenz $\longrightarrow$ **Maske bzw. Kleid** $\longrightarrow$ **Wirkung**

Die erste Stufe wird uns im allgemeinen nicht bewußt, die 2. Stufe erst durch Erfahrung und Wissen, und erst die 3. Stufe wird uns unmittelbar zugänglich.

Energie und Materie (Masse) sind äquivalent: E = m. d.h. Energie und Materie sind gleichwertig **und können ineinander umgewandelt werden** (eigentlich müßte heißen : E = m c² , c² wurde jedoch absichtlich weggelassen, da hier es nur auf die Gleichwertigkeit der Energie und Masse ankommt und nicht auf den Betrag) .
Wir wissen ferner seit dem Physiker de Broglie, daß die Materie aus Wellen - aus den Materiewellen - aufgebaut ist.

Für das Universum als Ganzes d.h. im Bezug auf die **Expansions bzw. Kontraktionsphase des Universums** gilt meines Erachtens die folgende Regel : Ob sich die Energie in Materie umwandelt oder die Materie in Energie wird **u.a.** dadurch entschieden ob es sich um eine **beschleunigte Bewegung** , oder um eine **Abbremsung** handelt. **Bei einer *beschleunigten* Bewegung entsteht aus Energie Materie,** da die Beschleunigung zur Kompression führt . (wir haben alle dies öfters am eigenen Körper erlebt : wenn wir in einem Auto sitzen und das Auto sich beschleunigt, werden wir auf die Sitzlehne gedrückt, also komprimiert).

Bei einer *Abbremsung* wandelt sich Materie in Energie um , da es sich um eine Dekontraktion bzw. Dilatation handelt (auch dies haben wir beim Autofahren erlebt: Bei einer Abbremsung fliegen wir nach vorne) .

Das Signal zur Umwandlung der Energie in Materie und Materie in Energie wird also im Universum gegeben, durch die **Beschleunigung** und **Abbremsung**.

Bei der **Expansionsphase** entsteht vom Punkt 0 bis zu den Quasaren (**Beschleunigungsphase)** laufend aus Energie Materie (Sterne) . Von den Quasaren bis zum Ende des Universums , also bis zum Ende der Expansionsphase (**Abbremsungsphase**) entsteht aus Materie laufend Energie.

Dies wiederholt sich bei der **Kontraktionsphase** in sofern wieder, als in der **Beschleunigungsphase** der Kontraktionsphase aus der Energie laufend Antimaterie entsteht und während der **Abbremsungsphase** sich die Antimaterie wieder laufend in Energie umwandelt .

Ähnlich ist es also , ob aus der Energie Materie oder Antimaterie entstehen soll. Das Signal besteht hier aus der Bewegungsrichtung : Bei der Expansionsphase des Universums entsteht aus der Energie Materie, und bei der Kontraktionsphase des Universums entsteht aus Energie Antimaterie.

Regional gesehen , kann M.E. bei der Umwandlung der Energie in Materie und umgekehrt **das Massenwirkungsgesetz, das normalerweise für die Chemie gültig ist, angewendet werden**, obwohl selbstverständlich diese Prozesse völlig anders sind als die chemischen Reaktion ,und damit nicht vergleichbar .
Nach dem Massenwirkungsgesetz kann eine chemische Gleichgewichtsreaktion in die eine oder

**andere Richtung verlaufen , je nach der Konzentration
der betreffenden   Ausgangsstoffe , und zwar die
Reaktion   läuft   in   Richtung   der   geringeren
Konzentration.**
Also :

$$E \rightleftharpoons M$$

Wir wissen ferner ,daß **Materie eingefrorene Energie ist**

Die Weiterentwicklung der obigen Tatsache führt nun m.E.
zu folgender Feststellung, die wir in Form eines **Kreislaufs**
folgendermaßen darstellen können :

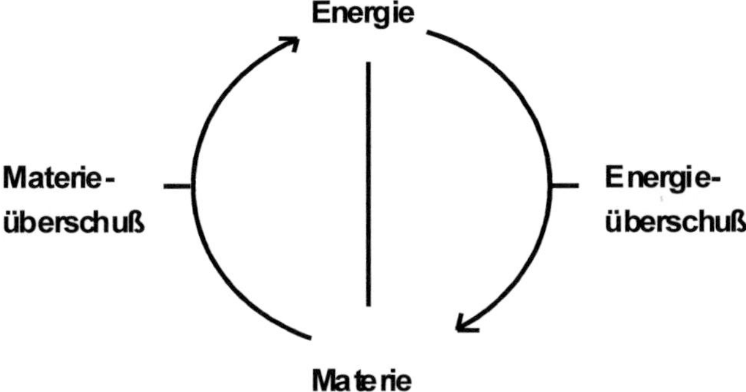

Das führt uns zu folgenden weiteren Schlußfolgerungen :

1. Im Bereich der **Quasare**, also dort, wo die Maximalgeschwindigkeit der bzw.der Scheitelpunkt der Expansion des Universums erreicht ist , herrscht ein **erheblicher Materieüberschuß**, weil die Energie des Universums bis dahin langsam aber weitgehend in Materie umgewandelt worden ist. Deshalb erfolgt dort eine spontane und sehr intensive Umwandlung der Materie in Energie **(vergl.. auch meine wissenschaftlichen Arbeiten über Galaxien und Quasare).**

2. **In den Zentren der pränatalen Galaxien (vergl. meine wissenschaftlichen Arbeiten über pränatale Galaxien und Sterne)** herrscht ein **relativer erheblicher Energieüberschuß,** weil dort überhaupt keine bzw. kaum

Materie vorhanden ist. Deswegen wandelt sich die Energie spontan und sehr intensiv in Materie um .

3. In den Gebieten des Universums mit **leichtem Materieüberschuß**, neigt die Materie sich in Energie umzuwandeln. In solchen Gebieten ist es also einfacher, Materie in Energie umzuwandeln, als umgekehrt. Wir müßten uns mit unserer **Erde** danach eigentlich in einem solchen Gebiet des Universums befinden, da die obige Feststellung für die Verhältnisse auf unserer Erde zutreffend ist .

4. In den Gebieten des Universums mit einem **leichten Energieüberschuß** neigt die Energie sich in Materie umzuwandeln, also es ist dort leichter , Energie in Materie umzuwandeln als umgekehrt, also ganz im Gegenteil zu den hiesigen Verhältnissen hier auf der Erde.

Verschiedene Intensitäten der Energieabgabe und –aufnahmen :

Wenn Kohle oder Öl verbrannt wird , also sich mit Sauerstoff verbindet , so wird durch diese **chemische Reaktion** Energie frei .

Bei der **Kernspaltung bzw. -fusion** wird ebenfalls nur ein kleiner Bruchteil der Materie in Energie umgewandelt, trotzdem werden dabei gigantische Energiemengen frei (denke man z.B. an die Atombombe).

Wenn es möglich wäre, **die gesamte Materie in Energie umzuwandeln**, so wäre die frei werdende Energie unvorstellbar groß. Das ist m.E. in den **Quasaren** der Fall. Um welche gigantische Energiemengen es sich dabei handelt, wird einem vielleicht besser bewußt, wenn man an die Formel E= m c ² denkt (c= 300 000 Km / s).

Es gibt also verschiedene Intensitäten der Energiefreisetzung. Genauso ist es aber auch mit der Energieaufnahme, also wenn Energie in Masse umgewandelt wird.

Dualismus des Lichtes und der elektromagnetischen Wellen:

Sämtliche Fundamente und sämtliche fundamentale Erscheinungen des Universums besitzen ein gemeinsames Merkmal:
Sie zeigen ein **paradoxes Phänomen**. Sie sind z.B. gleichzeitig endlich und unendlich (wie eine Kugel) usw., so daß wir im allgemeinen feststellen können:
Jedesmal, wenn wir ein paradoxes Phänomen entdecken, kommen wir dem Geheimnis der Natur bzw., des Universums ein Stück näher. Genauso Ist es mit dem Licht und den übrigen elektromagnetischen Wellen. Sie sind gleichzeitig nichts (Materielles) aber gleichzeitig auch etwas. Das Licht ist z.B. gequantelt d.h. in kleinen Bündeln verpackt, hat also **materielle Eigenschaften**, besitzt aber **gleichzeitig auch Welleneigenschaften** z.B. zeigt das Interferenzphänomen. Das kann z.B. sehr gut beim Licht untersucht werden, das einerseits den photoelektrischen Effekt zeigt (was auf Quantelung hinweist) und gleichzeitig das Interferenzphänomen (was für Wellen typisch ist).
Das ist der Dualismus des Lichtes bzw. der elektromagnetischen Wellen.

Im Rahmen dieses Buches können wir leider nur auf dieses Phänomen hinweisen , jedoch darauf nicht ausführlicher eingehen. Deswegen wird wegen einer ausführlicheren Darstellung und Lösung dieses Phänomens auf **meine diesbezügliche wissenschaftliche Arbeit** und auf **mein Buch „ Geheimnisse des Universums „,** das in Vorbereitung ist , verwiesen.

Wechselwirkungen der Energie (Energieabgabe und -aufnahme):
Bei den Wechselwirkungen der Energie ist zu unterscheiden zwischen:

1. **Wechselwirkungen zwischen ähnlich großen Energiebeträgen**: Diese Wechselwirkungen sind uns aus unserem Alltag gut bekannt. energiereichere Medien geben ihre Energie an energieärmere Medien ab. Unsere Heizungen erwärmen deshalb unsere Wohnungen im Winter; deswegen wird auch der Kochtopf auf der Kochplatte heiß. Wir können also festhalten:
Energiereichere Medien geben ihre Energie an energieärmere ab.

und

2. **Wechselwirkungen zwischen weit ungleich großen Energiezuständen** : Hier verfügt das eine Medium über gigantische astronomische Energiebeträge, die hier auf unserer Erde nicht vorkommen bzw. z. Zeit noch nicht erzeugt werden können, aber in einigen Gebieten des Universums durchaus vorkommen, z.B. in Quasaren und Supergravitationen . Hier ist m.E. die Wechselwirkung

umgekehrt, da hier sich die **Gravitationswirkung** der starken Energiequelle bemerkbar macht **Das starke Energiemedium entzieht dem schwächeren Energie.**

Deswegen verlieren Energieteilchen, im Bereich starker Gravitationen ihre Energie, werden also energieärmer und zeigen deshalb auch eine Rotverschiebung. **Das ist auch m.E. die Erklärung, weshalb die Energie, die wir hier auf der Erde erzeugen, schneller wieder verloren geht, weil die weit ungleich stärkere Energiequelle Erde, samt ihrer starken Gravitation, die erzeugte Energie schnell an sich reißt.** Deswegen wird die Glühbirne nach der Stromabschaltung schnell kalt , genauso wie die Kochplatte und die Heizung nach der Abschaltung des Stromes rasch kalt werden.
Für diese uns bekannten und als selbstverständlich angenommenen Erscheinungen gab es bisher keine plausible Erklärung und es lohnt sich deshalb, über diese Sachen etwas nachzudenken.

Die immense Bedeutung , Wichtigkeit und Rolle der Energie:

Energie ist das Primäre und Dominierende und spielt im Universum eine immense und universelle Rolle. Sie beherrscht und beeinflußt das ganze Universum, ja das ganze Universum ist sogar aus ihr geboren und erzeugt. Ihre Handlungsweise wird bestimmt durch die Sätze meiner energetischen Relativitätstheorie (vergl. Kapitel 9 dieses Buches und ferner mein Buch „Sind die Relativitätstheorien von Einstein richtig?, meine

energetische Relativitätstheorie") **. Sie beeinflußt Raum, Zeit und Masse und läßt gar Zeit und Raum manifest werden.**

Wenn wir hier auf unserem Heimatplaneten Erde von Energie, Energieerzeugung und Energiekrise reden, wenn wir uns vor Augen halten, daß ohne Energie unsere Wohnungen und Straßen nachts dunkel wären, kein Kochen möglich wäre und kein Autofahren, so wird uns zwar die immense Rolle der Energie hier auf der Erde bewußt, das wäre jedoch fast ohne Bedeutung im Vergleich zu der Rolle der Energie im Universum.

Ohne Energie wäre tatsächlich überhaupt nichts vorhanden. Nicht nur in den Kinderstuben des Universums entstand Masse aus Energie, sie entsteht vielmehr auch jetzt noch laufend hier und da im Universum , und dieser Prozeß wird sich auch in der Zukunft fortsetzen.

Schauen wir uns einmal unsere materielle Welt in unserer Umgebung etwas genauer an: **Die gesamte Materie unserer Welt besteht aus Energie** : Häuser, Straßen, Wasser, Pflanzen , Tiere, sogar wir Menschen; ferner unsere Sonne und das ganze Sonnensystem, die anderen Sterne und Galaxien. Sie sind alle aus Materiewellen aufgebaut und werden bei Zerlegen in Atome, Elementarteilchen und schließlich in Energie übergehen. Wer daran zweifelt , möge an die Atombombe von Hiroschima denken und möge sich vergegenwärtigen, daß sich dabei nicht einmal die gesamte Masse der Bombe in Energie umwandelte, sondern nur ein Bruchteil derselben.

Bei einer Wasserstoffbombe z.B. entstehen aus 4 Wasserstoffkernen 1 Heliumkern, der jedoch um 1/loo leichter ist als die 4 Wasserstoffkerne zusammen und genau diese 1/loo Masse wird nach der Formel $E = m c^2$ in Energie umgewandelt. **Das ist das ganze Geheimnis der Wasserstoffbombe.**

Kapitel 9

Meine

energetische Relativitätstheorie

Energie , Zeit, Raum und Masse gehören zu den faszinierendsten Phänomenen unseres Universums.

Deswegen haben sich schon viele Philosophen und auch andere Wissenschaftler mit diesen Erscheinungen beschäftigt , ohne jedoch das ganze Geheimnis enträtseln zu können.

So behauptete der Philosoph **Heidegger**, daß eine ursprüngliche Zeit existieren würde, die sich zwar unseres Alltags und Bewußtseins entziehen würde ; sie sei jedoch der Sinn von Sein , und unsere Zeit davon abgeleitet .

Der Philosoph **Kant** meinte, daß Zeit und Raum weder Dinge ,noch Vorgänge, noch Realität wären ; sie würden vielmehr unserer Erkenntnisstruktur angehören . Es war ebenfalls Kant, der behauptete, daß die Bewohner von Jupiter in 5 Stunden daßelbe verrichten könnten wie die Menschen auf der Erde in 12 Stunden.

Energie , Zeit, Raum und Masse sind die 4 Grundpfeiler des Universums und gehören gleichzeitig zu den faszinierendsten Phänomenen unserer Welt . Sie kommen einem aber im ersten Augenblick so abstrakt vor, daß man zunächst mit Ihnen nichts anfangen kann, und scheinen jede Relation zueinander zu vermissen.

Tatsächlich sind sie aber 4 voneinander abhängige Phänomene, die sich gegenseitig bedingen und unmittelbar zusammenhängen , wobei das Primäre die Energie ist, während die Zeit , der Raum und die Masse die sekundären Größen darstellen.

Ohne Energie bzw. Masse gibt es keinen Raum (als Unterbringungsort) und keine Zeit, ohne Energie und Raum gibt es keine Zeit, da sonst der Manifestationsort und die motivierende Energie der Zeit fehlen würden, ohne Zeit wäre die Energie nicht existent bzw. tot.

Die Gesetzmäßigkeiten zwischen Energie, Zeit , Raum und Masse werden bestimmt durch meine energetische Relativitäts-Theorie.

Wir können aber diese Theorie nur verstehen, wenn wir uns davon loslösen, alles in der Welt als absolut anzusehen und uns damit vertraut machen, daß in der Welt sehr vieles **relativ** ist, was wir bis jetzt als absolut angesehen haben.

Es ist wahrscheinlich menschlich, die Erde und uns Menschen als Mittelpunkt zu betrachten und die physikalischen Erscheinungen, die auf der Erde normalerweise vorkommen, als absolut für die gesamte Welt anzusehen. Tatsächlich ist es aber nicht so.

Wenn man bedenkt, wie groß das Universum mit den vielen Galaxien, Sonnen und anderen Himmelskörpern ist, und daß die Erde mit den ganzen Menschen darauf nur einen sehr winzigen Teil des Universums darstellt, wird man vielleicht angeregt, über diese Sachen nachzudenken.

Weitere Voraussetzung für das bessere Verständnis meiner energetischen Relativitätstheorie die Lektüre **meines Buches „ Sind die Relativitätstheorien von Einstein richtig?, meine energetische Relativitätstheorie“**.

Ferner ist es wichtig , daß wir uns klar machen, daß es sich bei den hier in Frage kommenden Energiebeträgen,

um astronomische, d.h. enorm große Energiemengen handelt, die hier auf unserer Erde kaum erzielbar sind.

Die Zeit ist die Dauer eines Vorganges (z.B. die Dauer einer Schwingung ,einer Bewegung , einer Umdrehung, einer Pendelbewegung, einer Pulsation usw.) . Die Zeit wird auf unserer Erde bekanntlich gemessen durch Uhren, wovon es verschiedene Arten gibt. Wir kennen z.B. Opas **Pendeluhren, Federuhren mit Unruh , Quarzuhren und elektrische Uhren**. Die Zeit wird jedoch am genauesten gemessen durch Atomuhren, die auf Schwingungen der Cäsium-Atome beruhen.

Alle diese Uhren haben jedoch ihre spezifischen Probleme und Unzulänglichkeiten und sind keineswegs perfekt und überall einsetzbar. **Sie werden ferner bei extremen Bedingungen entweder funktionsunfähig oder werden zerstört , sodaß sie für die Messung der Zeit bei den hier meist infrage kommenden Extrembedingungen nicht geeignet sind.**

Es gibt auch " biologische Uhren " ,deren Verhalten letzten Endes auf intermolekularen Vorgängen bzw. Stoffwechselvorgängen beruhen. Auch sie können selbstverständlich langsamer oder schneller gehen , je nachdem wie schnell die Stoffwechselvorgänge verlaufen.

Unser Zeitempfinden hängt im wesentlichen davon ab, wie schnell bzw. wie langsam diese Vorgänge verlaufen .

Die **Zeiteinheit** ist Sekunde, die international definiert ist, als die 9192631770-fache Periodendauer der Mikrowellenstrahlung der Cäsium-133-Atome ,die dem Übergang zwischen den beiden Hyperfeinstrukturniveaus des Grundzustandes entspricht.

Wir wollen nun untersuchen, was für Phänomene wir beobachten würden, wenn die Zeit langsamer oder schneller gehen würde. Stellen wir uns vor, wir könnten durch ein Teleskop Menschen auf einem anderen sehr weit entfernten Planeten in einer anderen Galaxie beobachten, wo die Zeit langsamer geht , als bei uns . Wir würden dabei z.B. feststellen, daß sie sich im Vergleich zu uns sehr langsam bewegen würden. Sie würden z.B. langsam gehen , langsam laufen, essen, sprechen, lachen usw.

Wenn wir die Herztöne von ihnen hier hören könnten, so würden wir feststellen, daß ihre Herzen langsamer schlagen würden, als unsere Herzen . Diese Menschen auf dem anderen Planeten würden aber gar nicht merken, daß ihre Zeit langsamer geht, sie würden vielmehr ihre Zeit und ihre Bewegungen für ganz normal halten und würden unsere Zeit und Bewegungen für zu schnell halten. Wenn sie uns das Licht ihres Scheinwerfers zeigen würden, so würden wir es rötlich sehen, da auch ihre Lichtwellen langsamer schwingen würden, was gleichbedeutend wäre, mit einer größeren Wellenlänge und einer Rotverschiebung .

Umgekehrt, wenn wir durch unser Teleskop Menschen und Vorgänge auf einem anderen Planeten beobachten könnten, wo die Zeit schneller geht, so würden wir feststellen, daß dort umgekehrt z.B. die obigen Phänomene bzw. Vorgänge schneller gehen als bei uns . Ihr Licht würde bläulich aussehen und die entsprechenden Spektren würden dann eine Blauverschiebung zeigen.

Wir können nun das verallgemeinern und kommen zur folgenden Definition von mir:

Wenn also in einem Ort bzw. Bereich (kann äußerst klein oder auch riesengroß sein) die meisten Vorgänge bzw. Phänomene und Abläufe langsamer gehen (z.B. atomare und molekulare Schwingungen und Bewegungen , andere Bewegungen und Schwingungen, chemische und biologische Reaktionen , usw.) , so ist das gleichbedeutend , daß dort die Zeit langsamer geht. Gleichzeitig tritt dabei eine Rotverschiebung auf. In einem solchen Ort würden wir z.B. langsamer altern und länger leben können , da auch die

biologischen Reaktionen in unseren Körpern langsamer laufen würden .

Umgekehrt, wenn in einem Ort bzw. Bereich die meisten Vorgänge bzw. Phänomene und Abläufe schneller gehen , bedeutet das, daß dort die Zeit schneller geht. Es wird dann eine Blauverschiebung auftreten . Dort würden wir deswegen auch schneller altern und früher sterben .

Für diejenigen, die mit der Materie noch nicht ganz vertraut sind , möchte ich kurz erläutern , was eine **Blauverschiebung** und was eine **Rotverschiebung** ist, weil das für das Verständnis der Thematik unerläßlich ist . Wir kennen alle folgendes Phänomen: wenn wir am Rande einer Landstraße stehen und ein Auto von weitem kommt und an uns vorbeifährt , ändert sich für uns das Autogeräusch so, daß beim Annähern des Autos an uns das Geräusch laufend heller wird, d.h. die Schall**frequenz** laufend **höher** wird , und wenn das Auto an uns vorbei gefahren ist und sich wieder von uns entfernt, das Geräusch laufend dunkler wird d.h. die Schall**frequenz** laufend **tiefer** wird . Dieses Phänomen ist bekannt als der **Doppler-Effekt** (Der Name hat etwa mit Verdoppeln gar nichts zu tun , sondern es heißt Doppler-Effekt, weil der Entdecker dieses Phänomens Doppler hieß) .

Denselben Effekt gibt es auch beim Licht. Wenn z.B. ein Stern sich an uns annähert, wird die Lichtfrequenz höher , dies bedeutet beim Licht daß es bläulich wird , weil die blaue Lichtfarbe eine höhere Frequenz hat , und wenn der Stern sich von uns entfernt, erscheint sein Licht rötlich , weil die Lichtfrequenz abnimmt. Die Spektren der betreffenden

Sterne verschieben sich dabei ebenfalls in Richtung blau bzw. rot . Dies wird bezeichnet als **Blauverschiebung** und **Rotverschiebung** .

Meine energetische Relativitäts-Theorie :

Die von mir entwickelte energetische Relativitätstheorie besagt, daß Energie (Temperatur, Druck, Strahlung , Gravitation , usw.) Zeit, Raum und Masse in der nachfolgend beschriebenen Art beeinflußt ,so daß sie relativ werden und nicht mehr absolut sind, wobei gleichzeitig eine Rot- bzw. Blauverschiebung der entsprechenden Spektren auftritt :

Eine enorme Erhöhung der Energie hat zur Folge, **daß meisten Vorgänge bzw. Phänomene und Abläufe (z.B. Bewegungen)** langsamer **verlaufen , weil das Medium unter dem Einfluß der enorm hohen Energie (astronomischen Energie) u.a.** dichter **wird und ferner weil die** Gravitation zunimmt (vergl. **mein Buch „Revolution der Astronomie und Physik „auch meine wissenschaftliche Arbeit „ Verfügt die Energie auch über eine Gravitation ?") .**

Das dichter werden unter dem Einfluß der Energie könnten wir uns z.B. so klarmachen:

Wir wissen , daß die Masse aus Energie besteht , und umgekehrt die Energie sich in Masse umwandeln kann (E = m c ^{2}) . In der Materie ist also eine sehr hohe Energiemenge konzentriert, die praktisch eingefroren ist. Dies bedeutet, daß bei einer enormen Erhöhung der Energie d.h. bei einer weiteren **Zufuhr** von Energie , die " freien" Energiewellen näher aneinander rücken , also immer dichter werden, und bei einer weiteren starken Energieerhöhung sich schließlich zu Materie vereinigen .

Das dichter werden und Kompression könnten wir uns auch einfach klar machen , wenn wir an Druckenergie denken .

Wir wissen außerdem , daß z. B. der Kern unserer Sonne, der hauptsächlich aus Helium und Wasserstoff (beide normalerweise bekanntlich gasförmig) besteht, wegen der dort vorhandenen hohen Energie- und insbesondere der Druckverhältnisse nicht gasförmig, sondern fest ist.

Bei den **Neutronensternen und Pulsaren** ist die Kompression der Materie durch die Gravitationsenergie so stark , daß dadurch die Atomkerne dermaßen zusammenrücken, daß zwischen denen kaum Platz übrig bleibt für die Elektronenbahnen , **sodaß dadurch eine dermaßen enorme Dichte bzw. so ein Gewicht entsteht , daß dort ein Fingerhut der Materie ca. 100 Millionen Tonnen und auch mehr wiegt !**

Das dichter werden des Mediums bei einer Erhöhung der Energie wird ferner belegt und bewiesen durch die Experimente der Plasmaphysik .

In einem dichterem Medium verlaufen aber z. B. alle Bewegungen langsamer Z. B. gehen die Schwimmbewegungen im Wasser langsamer als in der Luft, weil das Wasser dichter ist als die Luft , oder ist uns allen bekannt, daß das Umrühren von Wasser leichter , schneller und mit weniger Kraft geht, als das Umrühren des Honigs oder der Marmelade (diese Beispiele dienen nur dazu die Sache sich besser klar zu machen bzw. sich besser vorzustellen, sind aber selbstverständlich in ihrer Natur ganz anders). In einem noch dichteren Medium und bei einer höheren Gravitation würden die Bewegungen noch langsamer vor sich gehen ,auch die Atome müssen langsamer schwingen und die elektromagnetischen Wellen einschließlich Lichtstrahlen zeigen eine Frequenzabnahme bzw. Rotverschiebung, beim Vorhandensein der adäquaten Raumgröße.

Die Zeit geht langsamer, wenn die meisten Vorgänge bzw. Phänomene und Abläufe langsamer laufen , wie wir oben gesehen haben . Deswegen bewirkt eine Energieerhöhung eine Zeitverlangsamung, wobei gleichzeitig eine Rotverschiebung auftritt. Bei einer enorm hohen kritischen Energie muß die Zeit gegen Null neigen bzw. schließlich stehen bleiben.

Auch die biologischen Reaktionen würden sich ähnlich verhalten , weil bei einer enormen Energieerhöhung auch die biologischen Prozesse und Vorgänge (Stoffwechsel, deren Geschwindigkeit letzten Endes meistens durch die Enzymreaktionen und Molekularbewegungen bestimmt wird, Herz- und Atemfrequenz usw.) langsamer verlaufen. Wir würden dann z. B, länger jung bleiben und langsamer altern. Den

Lebewesen sind jedoch durch die Struktur ihrer Körpersubstanzen in der Natur Grenzen gesetzt, so daß wir diese extremen Energieverschiebungen nur theoretisch aber nicht praktisch durchmachen könnten.

Wir halten also fest: **Bei einer enormen Erhöhung der Energie geht die Zeit langsamer** und es entsteht eine Rotverschiebung ; die Zeit neigt gegen null, wenn die Energie fast unendlich groß wird (z.B. bei Supergravitationen) und würde schließlich stehen bleiben, wenn die Energie unendlich groß wird .

Bei einem Nachlassen der enorm hohen Energie, verhält sich die Zeit umgekehrt.

Bei einer enormen Energieerhöhung wird das Volumen der Materie kleiner d.h. es schrumpft zusammen und wird komprimiert, weil unter dem Einfluß der enorm hohen (astronomischen) Energie das Medium dichter wird und sich zusammenzieht . Deswegen schrumpft der Raum in der Umgebung der Materie ebenfalls zusammen , d.h. die Strecken werden kürzer .

Bei einer Energieverminderung ist es umgekehrt . Das Volumen der Materie wird größer , der Raum dehnt sich aus und die Strecken werden länger .

Das obige Beispiel aus dem Gebiet der Astronomie bezüglich der Neutronensterne und Pulsare hilft uns auch dieses Phänomen besser zu verstehen ,da wie wir gesehen haben, eine norme Energiemenge (Gravitationsenergie) zu massiven Kompressionen bzw. Volumenreduzierungen der Materie führt , mit den Folgen, die bereits erwähnt worden sind.

Auch die Masse bzw. das Gewicht wird bei einer Energieerhöhung schwerer . Bei einer Energieverminderung wird die Masse leichter. Ein heißes Bügeleisen ist z.B. etwas schwerer, als ein kaltes und umgekehrt.

Der Grund liegt im übrigen keineswegs darin, daß etwa wie normalerweise behauptet wird, die Energie sich dadurch in Masse umwandelt (für die Umwandlung der Energie in Masse sind bekanntlich in der Regel erheblich höhere Temperaturen erforderlich, als das Bügeleisen in der Lage wäre zu erzeugen), sondern der Grund liegt darin, daß die Temperaturerhöhung bzw. Energiezufuhr zu einer **Erhöhung der Gravitation** des Bügeleisens führt , eine Tatsache, die **experimentell** durch Gravitationsmessung ebenfalls **nachgewiesen** werden kann .

Alle Energieformen verhalten sich ähnlich, mit Ausnahme der Wärmeenergie. (Die **Bewegungsenergie** nimmt nur insofern ebenfalls eine **Sonderstellung** ein, als sie **gerichtet** ist)

Es ist ferner zu beachten, daß einzelne Energieformen ineinander übergehen können. Z. B. geht Druckenergie meistens teilweise in Temperaturenergie über. Wir brauchen z.B. nur an eine Fahrradpumpe zu denken, die sich bei Kompression erwärmt .

Eine **Ausnahme** stellt , wie bereits erwähnt, die **Wärmeenergie** dar, die gleichzeitig eine Sonderstellung einnimmt. Bei einer **Zunahme** der **Wärmeenergie** (Temperaturerhöhung) geht die **Zeit** schneller, das **Volumen** der **Materie** wird **größer** bzw. dehnt sich aus ,der **Raum** in der **Umgebung** der **Materie** dehnt sich ebenfalls aus , und es entsteht eine **Blauverschiebung**, weil das Medium sich ausdehnt und an Dichte verliert.

Eine Abnahme der Wärmeenergie (= Temperaturerniedrigung) bewirkt das Gegenteil.

Nur die Masse verhält sich ähnlich , wie bei den anderen Energieformen.

Im übrigen, durch den beschriebenen Einfluß der Wärmeenergie auf Zeit wird auch erklärbar, weshalb die Lichtwellen und sonstige elektromagnetische Wellen der Galaxien und Sterne sich im interstellaren Raum des Universums über Milliarden Jahre ausbreiten und trotzdem hier bei uns ankommen können ,da die Zeit nicht nur durch die enorm hohe Geschwindigkeit , sondern auch durch die dort herrschende enorme Kälte erheblich langsamer läuft und sie durch die Zeitverlangsamung praktisch konserviert werden und sie tatsächlich aus ihrer Sicht nicht Milliarden Jahre unterwegs sind, sondern ganz erheblich kürzer .

Diese Ausnahme der **Wärmeenergie** wirkt gleichzeitig als eine Art **Gegenspiel** bzw. **Gegenpol** , d.h. die

Wärmeenergie funktioniert als eine Art Gegenregulationsmittel zu den anderen Energieformen, bzw. als Rückkopplung, und verhindert dadurch Entgleisungen und Katastrophen, die sonst bei massiven Energieänderungen im Universum unvermeidbar wären .

Gleichzeitig unterstreicht das Sonderverhalten der Wärmeenergie nochmals die Richtigkeit meiner energetischen Relativitätstheorie, da die meisten Naturphänomene aus 2 paradoxen und entgegengesetzten Einzel-Phänomenen bestehen und die Rückkopplungsvorgänge in der Natur weit verbreitert sind (wegen einer umfassenden Darstellung s. meine wissenschaftliche Arbeit "„Regelkreise und Rückkopplungen im Universum bzw. in der Natur ") .

Die folgenden Beispiele machen dies anschaulich:

1. ***Das 3. Axiom von Newton*: Aktion und Reaktion ,** das besagt, daß jede Aktion eine Reaktion hervorruft, die ihr entgegengesetzt ist. Oder anders ausgedrückt : Kräfte treten paarweise auf, und zwar so, daß sie entgegengesetzt wirken. Wenn z.B. auf eine Fläche Druck ausgeübt wird, wird dadurch eine gleich große Gegenkraft ausgelöst, die dieser Kraft genau entgegenwirkt.

2. *Die Lentzsche Regel* : Die von einem Strom hervorgerufene Induktionsspannung ist so gerichtet, daß sie diesem Strom entgegen wirkt.

3. *Rückkopplungsphänomene* sind auch *in der Medizin* bestens bekannt, und dienen der Regulation bzw. der Feindosierung z.B. der **Hormone**. So funktioniert z.B. beim Menschen das gesamte endokrine System . Z. B. das **TSH** (Thyreoidea-stimulierendes Hormon) des Hypophysen-Vorderlappens bewirkt die Produktion des **Thyroxins** (Schilddrüsenhormon) in der Schilddrüse. Das Thyroxin der Schilddrüse inhibiert jedoch seinerseits die Produktion des TSH, so daß dadurch die Produktion von TSH wieder zurückgeht und der Rückkopplungskreis geschlossen wird . Dadurch wird verhindert, daß zuviel TSH produziert wird. So wird die Menge des TSH bzw. des Thyroxin ganz fein reguliert und angepaßt.

4. **Ein weiteres gutes Beispiel für die Rückkopplungsphänomene im Bereich der Medizin ist ferner das Zusammenspiel zwischen dem ACTH (Adrenokortikotropes Hormon) , das ebenfalls im Hypophysenvorderlappen produziert wird , und der Cortisol-Synthese und -Sekretion in der NNR (Nebennirenrinde) dient .** Ein vermehrtes Ausschütten des ACTH des Hypophysenvorderlappens führt zu einer erhöhten Synthese und -Sekretion des Cortisols der NNR , das seinerseits zu einer Suppression der Produktion des

ACTH führt. Dadurch wird in diesem Kreis ebenfalls die Hormonmenge ganz fein reguliert und angepaßt.

Höchstwahrscheinlich genau aus diesem Grunde haben auch Änderungen vieler anderer Energieformen wie Druckänderungen , Temperaturänderungen zur Folge (und umgekehrt), die was die Zeit und Raum anbetrifft gegenseitige Veränderungen verursachen , somit regulierend wirken und Entgleisungen bei großen Energieveränderungen vor allem im Universum verhindern.

Somit spielt die Wärmeenergie als Begleiterscheinung anderer Energieformen , eine Regulierungs- bzw. Rückkopplungs-Funktion.

Bei sehr hohen Temperaturen lassen jedoch die diesbezüglichen Wirkungen der Temperatur nach und erreichen bei entarteter Materie ihre Grenze.

Um das zu verstehen müssen wir eine kleine Reise unternehmen im Bereich der Plasmaphysik. Ich werde jedoch versuchen, die Sache so einfach und verständlich darzustellen wie möglich und ohne Ballast.

Bei einer massiven Temperaturerhöhung ,etwa ab 10 000 Kelvin, ändert sich der Zustand der Materie . Weil ab dieser Temperatur die Atome ihre Elektronen nicht mehr halten können und deswegen die Elektronen der Atomhüllen abgestreift werden, um so vollständiger, je höher die Temperatur ansteigt. Deswegen befinden sich ab dann die Atome in ionisiertem Zustand . So ein ionisiertes Gas nennt man **Plasma** , d.h. die Materie bzw. das Gas befindet sich nun im Plasma-Zustand.

Bei noch weiter ansteigenden Temperaturen tritt nach und nach neben dem Gasdruck auch der **Strahlungsdruck** zunehmend in Erscheinung , der rapide zunimmt und ab Temperaturen von einigen Millionen Kelvin sogar den Gasdruck übersteigt .

Das Gas verdichtet sich zunehmend und bei sehr hohen Temperaturen **wird der Druck nur noch abhängig werden von der Dichte und nicht mehr von der Temperatur.** Diesen Zustand , der bei Drücken von einigen Millionen Pascal begleitet wird , bezeichnen wir in der Physik als **entartet** . Ab diesem Temperaturbereich treten **relativistische** Zustände in Erscheinung.

Z.B. im Inneren der Sterne existieren solche Zustände .

Die Änderungen von Zeit, Raum und Masse sind aus unserer Sicht , also relativ; wir würden unsere Zeit und die Abläufe unserer Phänomene bei unseren Energieverhältnissen als normal betrachten und die eigenen Veränderungen gar nicht merken . Die Phänomene und Abläufe bei unseren Brüdern anderswo im Universum bei anderen Energieverhältnissen wären vielmehr aus unserer Sicht sehr schnell. bzw. sehr langsam . Umgekehrt unsere Brüder im Universum würden ihre Zeitabläufe für normal halten und das Gefühl haben , daß unsere Zeit schneller oder langsamer laufen würde .

Es gibt mehrere Methoden und Beispiele, um die Richtigkeit dieser Theorie nachzuweisen:

1. Einige Beweise habe ich schon oben erwähnt .

2. Beweisführung und Ableitung aus den Beobachtungen und Experimenten der Plasma-Physik , die hier an dieser Stelle nochmals wiederholt wird:

Bei einer massiven Temperaturerhöhung ,etwa ab 10 000 Kelvin, ändert sich der Zustand der Materie. Weil ab dieser Temperatur die Atome ihre Elektronen nicht mehr halten können und deswegen die Elektronen der Atomhüllen abgestreift werden, um so vollständiger, je höher die Temperatur ansteigt. Deswegen befinden sich ab dann die Atome in ionisiertem Zustand . So ein ionisiertes Gas nennt man Plasma , d.h. die Materie bzw. das Gas befindet sich nun im Plasma-Zustand.

Bei noch weiter ansteigenden Temperaturen tritt nach und nach neben dem Gasdruck auch der **Strahlungsdruck** zunehmend in Erscheinung , der rapide zunimmt und ab Temperaturen von einigen Millionen Kelvin sogar den Gasdruck übersteigt .

Das Gas **verdichtet sich zunehmend** und bei sehr hohen Temperaturen **wird der Druck nur noch abhängig werden von der Dichte und nicht mehr von der Temperatur.** Diesen Zustand , der bei Drücken von einigen Millionen Pascal begleitet wird , bezeichnen wir in der Physik als **entartet** . Ab diesem Temperaturbereich treten **relativistische Zustände in Erscheinung.**

Z.B. im Inneren der Sterne existieren solche Zustände.

3. Eine weitere Beweisführung ist ferner gegeben durch die Äquivalenz der Masse und Energie. Wenn also die **Energie** zunimmt muß deswegen auch die **Masse** zunehmen und somit auch die Gravitation. Wir wissen aber ,daß eine Erhöhung der Gravitation dazu führt, daß die Zeit langsamer läuft und eine Rotverschiebung auftritt. **Deswegen muß also auch eine Erhöhung der Energie dazu führen, daß die Zeit langsamer läuft und eine Rotverschiebung auftritt .**

Wegen der weiteren ausführlichen Beweisführung durch Experimente s. meine wissenschaftliche Arbeit " Weitere Beweise für meine energetische Relativitätstheorie " , und mein Buch „ Sind die Relativitätstheorien von Einstein richtig?, meine energetische Relativitätstheorie „.

Die beiden Relativitätstheorien von Einstein müssen korrigiert, zusammengelegt, und ergänzt werden . Sie sind ein Teilgebiet bzw. eine Sonderform meiner energetischen Relativitätstheorie, da Bewegung bzw. Geschwindigkeit und Gravitation Sonderformen der Energie, als Allgemeinbegriff , sind. Auch der Raumbegriff von mir ist anders als der Raumbegriff von Einstein .

Meine energetische Relativitätstheorie spielt im Universum eine immense Rolle und kann zahlreiche Phänomene und Erscheinungen im Universum erklären, für die man bis jetzt keine hinreichende Erklärung finden konnte . Die Nachfolgenden **30** Beispiele machen dies deutlich. Sie dienen gleichzeitig der Beweisführung für diese Theorie .

Konsequenzen , Bedeutung u. Anwendungsbeispiele meiner energetischen Relativitätstheorie :

1. Die energetische Relativitätstheorie könnte die fehlende Masse bzw. Gravitation liefern, die für die Rückkehr der Expansion des Universums notwendig wäre und danach bis jetzt vergeblich gesucht worden war Denn nach den Berechnungen der Astronomen , die die gesamte **Masse des Universums** berechnet haben, liefert die gesamte Msse des Universums nur ca. 10 % der erforderlichen Gravitationskraft , die für die Rückkehr des Universums erforderlich wäre, wenn der Newton' schen Gravitationsformel zugrunde gelegt würde. **Meine Theorie liefert auch hier die scheinbar fehlende Masse bzw. scheinbar fehlende Gravitation** (die fehlende Masse, die notwendig ist, um die sogenannte kritische Dichte zu erreichen).
Denn In vielen Gebieten des Universums wie z.B. im Zentrum der Galaxien bestehen sehr große Druck-, Strahlungs- und Temperaturverhältnisse und somit **sehr hohe Energiekonzentrationen**., die eine enorme Massenzunahme bewirken können und ferner enorm große zusätzliche Gravitationen erzeugen können .

2. Die energetische Relativitätstheorie liefert auch die fehlende Masse bzw. Gravitation , für den Zusammenhalt der Galaxien , wonach bisher ebenfalls vergeblich gesucht worden war.

Wir wissen nämlich, daß die berechnete **Masse der einzelnen Galaxien** nur ca. 10 % der Masse beträgt, die erforderlich wäre , um die einzelnen Galaxien aufgrund   der   nach   der   Newton'schen Gravitationsformel   berechneten   Gravitationskraft zusmmenzuhalten , damit die einzelnen Sterne der Galaxien sozusagen nicht wegfliegen.

Auch dieses Problem wird durch meine energetische Relativitätstheorie gelöst und die scheinbar fehlende ca. 90 % Rest-Gravitation findet ihre Erklärung , da insbesondere im Kern der Galaxien enorme Mengen Energie   vorhanden   sind,   die   bisher   nicht berücksichtigt worden war (vergl. in diesem Zusammenhang auch **meine wissenschaftliche Arbeit „ Verfügt die Enerige auch über eine Gravitation ?) .**

3.   Einen weiteren Beweis für meine Theorie haben die neuesten Beobachtungen des Hubble-Teleskops geliefert: Einige Galaxien sind am Himmel mehrfach abgebildet, weil deren Licht durch eine davor liegende Galaxie durchgegangen und diese Galaxie   wie eine **Linse**   gewikrt hat (sogenannten Einstein'schen Linse).
Dadurch kann nunmehr die Gravitation der als Linse gewikten Galaxie aufgrund der berechneten Masse der Galaxie und der Newton'scher Gravitaionsformel berechnet werden.   Diese   Berechnung hat aber

ergeben, daß dadurch nur ca. 10 % der für diese Abbildungen erforderlichen Gravitation geliefert wird, sodaß als eine Art Notlösung eine (nur vermutete und erst gar nicht vorhandene) Art dunkle Materie bzw. dunkler Staub !! unterstellt wurde.

Meine Theorie löst auch dieses Problem und liefert die fehlende Gravitationskraft, da bisher die enorm hohen Energiemengen der betreffenden Gebiete nicht berücksichtigt worden waren .

4. Sie könnte die beobachtete erheblich abweichende Rotverschiebung einzelner Galaxien innerhalb von gewissen Galaxie-Gruppen erklären, die man bis jetzt gar nicht deuten konnte, da alle Galaxien einer Gruppe ähnliche Geschwindigkeiten, und somit gleiche Rotverschiebung haben müßten. Sie wären nach dieser Theorie darauf zurückzuführen, daß die entsprechenden Galaxien z.B. andere Temperatur- und Druckverhältnisse und somit andere Energiekonstellationen und deswegen abweichende Rotverschiebungen besäßen.

5. Sie könnte die beobachtete stärkere Rotverschiebung im Zentrum unserer Galaxie erklären und zwar durch die dort vorhandenen enormen Energiekonzentrationen wegen der dort herrschenden großen Temperatur- und Druck- und Strahlungsverhältnisse.

Diese Rotverschiebung hatte man bis jetzt auf eine höhere Geschwindigkeit des Zentrums der Galaxie zurückgeführt, die jedoch sowohl aufgrund meiner

Theorien der Galaxien als auch aufgrund der neueren Messungen, nicht richtig ist .

6. Sie könnte die **zusätzliche Rotverschiebung unserer Sonne** erklären, die bisher nicht erklärbar war.

7. Die Kerne bzw. die Kerngebiete heißer bzw. energiereicher Sterne und Galaxien sind wahrscheinlich **auch deswegen weitgehend stumm,** da nicht nur wegen der enormen Massenkonzentration dort , sondern auch durch die dortige enorme Energiekonzentration keine größere Strahlungen mehr abgestrahlt werden können, da sie dort sozusagen stark festgehalten werden . Deswegen haben wir somit nur begrenzte oder keine Möglichkeiten, Informationen von diesen Gebieten zu erhalten. Die elektromagnetischen Signale einschließlich der Lichtstrahlen, die wir von diesen Himmelsobjekten erhalten, verraten uns sehr wahrscheinlich nur Informationen aus den oberflächlichen Gebieten dieser Objekte.

8. Auch deswegen ist das Zentrum unserer Galaxie dunkel und weitgehend stumm, weil die dort vorhandenen enormen Energiekonzentrationen zusätzlich zu der dort vorhandenen enormen Masse verhindern, daß von dort Strahlen hier bei uns ankommen. Dies wurde bisher vielfach mit einer Dunkelwolke bzw. mit Staubwolke in Zusammenhang gebracht , was allerdings nicht sehr plausibel erscheint .

9. Viele als **Dunkelwolke und Staubpartikel** bezeichnete Gebilde sind wahrscheinlich nichts reelles und hängen damit zusammen, daß von diesen Gebieten, durch die " astronomischen „ Energiekonzentrationen, keine Signale z.B. als Licht usw. ausgehen können, bzw. auch die Signale der hinter ihnen liegenden Objekte angehalten werden und somit hier bei uns nicht mehr ankommen können.

10. Eine gravierende Konsequenz dieser Theorie wäre, daß die meisten berechneten Entfernungen der Galaxien bzw. der Sterne falsch wären und korrigiert bzw. neu berechnet werden müßten. Die Berechnungen der Entfernungen der weiten Galaxien beruht ja u.a. hauptsächlich darauf, daß aufgrund der beobachteten Rotverschiebung die Geschwindigkeit und nach der Hubble-Konstante die Entfernung berechnet wird. Da nach dieser Theorie die Rotverschiebung nicht nur mit der Geschwindigkeit, sondern mit der Energie zusammenhängt. müssen die berechneten Entfernungen korrigiert werden.

11. Aus Nr. 10 folgt, daß auch die bisher angenommene Größe des Universums total revidiert und korrigiert werden müsste .

12. Die Hubble-Konstante wäre nicht richtig und mußte nochmals erheblich korrigiert werden (sie ist bekanntlich schon mehrmals korrigiert worden).

13. Sie erklärt sehr gut die Ursache der verschiedenen Rotverschiebungen bei einem und demselben Quasar, da die Energieverhältnisse von Ort zu Ort ganz verschieden sein können und damit auch das Maß der Rotverschiebungen .

14. Man hat bei einigen Quasaren so große Rotverschiebungen festgestellt, die noch weit größeren Geschwindigkeiten entsprechen als die Lichtgeschwindigkeit. **Meine Theorie erklärt ebenfalls, wie diese Rotverschiebungen zustande kommen können (** wegen der möglichen dort vorhandenen enormen Energiekonzentrationen) .

15. Berechnungen haben bekanntlich ergeben, daß Galaxien untereinander Haufen bilden können, auch wenn sie bis zu 6o Millionen Lichtjahren auseinander entfernt sind . Die bei den konventionellen Rechnungen herausbekommene Masse wäre jedoch viel zu klein, um das erklären zu können. **Meine Theorie löst auch dieses Problem durch die dort vorhandenen enormen Energiekonzentrationen.**

16. Die beiden Einsteinschen Relativitätstheorien sind nur Sonderformen meiner energetischen Relativitätstheorie, da Bewegung (bzw. hohe Geschwindigkeiten) und Gravitation nur Sonderformen der Energie als „Oberbegriff" sind.

17. Sie kann erklären, wie die Bahnänderungen der Raumschiffe im Rahmen des Apollo-Programms zustande kamen.

18. Verschiedene Raumsonden haben festgestellt, daß einige Saturnringe nicht ganz kreisförmig sind, sondern Zacken zeigen und sich an einigen Stellen berühren können. Das konnte man nach den bisherigen physikalischen Gesetze nicht plausibel machen. **Meine Theorie löst jedoch auch dieses Problem .**

19. Die meisten physikalischen Gesetze und Formeln sind keineswegs ohne weiteres überall gültig und anwendbar , da durch die veränderten Zeit-, Raum- und Energieverhältnisse erhebliche und auch nicht ohne weiteres vorausberechenbare oder nicht bekannte Abweichungen auftreten bzw. die Formeln ihre Allgemeingültigkeit verlieren können. **Dies hat eine erhebliche Konsequenz für die gesamte Physik.**

20. Das Rätsel des bekannten Experiments der chinesischen Physikerin Wu zur Entdeckung der Paritätsverletzung beim Beta-Zerfalls kann durch meine energetische Relativitätstheorie bestens gelöst werden.

21 . Da auch das Licht mehrere Milliarden Lichtjahre braucht, um z.B. von uns bis in die tiefen Regionen des Universums anzukommen, schien es bis jetzt für einen Gegenstand unmöglich, das Universum zu überqueren . Meine Theorie widerlegt das, da in den Gebieten, die enorm hohe Energiemengen besitzen, die Zeit fast still steht, so daß man dort z.B. gar nicht alt wird. **Mit diesen Gebieten könnte man z.B. in einigen Sekunden das ganze Universum überqueren !**

22.   Die Zeit ist relativ und wird beeinflußt durch den jeweiligen Energiezustand.   Wir kennen hier auf unserer Erde die irdische Zeit . **In den Zentren der Galaxien , auf den Quasaren und in den Supergravitationen geht die Zeit wesentlich langsamer.** Dort steht die Zeit fast still. Wenn man sich dort aufhalten könnte, würde man fast gar nicht alt werden und ewig jung bleiben. Wir brauchen erst gar nicht so weit zu „reisen" um diese Phänomene festzustellen. Im Inneren unserer Galaxie und auch wahrscheinlich schon im Inneren unserer Sonne geht die Zeit etwas langsamer als bei uns.
Dies alles wird verursacht, durch die dort vorhandenen enormen Energiekonzentrationen, etwa in Form von Druck , Temperatur- und Gravitationsenergie usw.

23.   Energie beeinflußt den Raum, so daß er schrumpft und relativ wird: Das bedeutet z.B. daß der Raum im Bereich des Zentrums unserer Galaxie anders ist , als der Raum in unserem Bereich, Ganz krass wird es im Bereich der Supergravitationen, und zwar wegen der dort vorhandenen enormen Energiekonzentrationen.

24. Masse wird relativ: Das bedeutet z.B. , daß ein Stein hier auf der Erde einen anderen Wert bzw. ein anderes Gewicht hat, als auf der Sonne bzw. im Zentrum unserer Galaxie , und zwar auch durch die dortigen enormen Energiekonzentrationen

25. Die gesamten elektromagnetischen Wellen , wie das Licht ,die Röntgen- und die Gamma-Strahlen aber auch die **Radiostrahlen** ,die wir aus dem Universum empfangen, könnten Strahlen sein, die erheblich stärkere Rot- oder Blauverschiebung zeigen , als bisher angenommen .Das könnte zu erheblichen Korrekturen führen und neue Aspekte eröffnen, die bisher unvorstellbar gewesen wären .

26. Im August 1972 beobachtete man eine gewaltige Sonneneruption mit einem damit verbundenen enormen Energieausbruch. Gleichzeitig, nämlich **am 8. August 1972 registrierte man auch einen sprungartigen Anstieg der Tageslänge,** die normalerweise um 1,6 Milli-Sekunde pro Jahrhundert zunimmt. **Dieses Phänomen, das bisher nicht erklärbar war, kann durch meine Theorie gut erklärt werden** .

27. Auch das Problem des unerwartet frühen Eintritts der amerikanischen Raumstation Skylab in die Erdatmosphäre , die ebenfalls bisher unerklärlich geblieben war, **kann durch meine Theorie gelöst werden**, da damals zur gleichen Zeit, nämlich im Juli 1979 die Sonne ebenfalls eine enorme Aktivität zeigte.

28. Die Zahl der Neutrinos, die im Inneren unserer Sonne entstehen und in den Weltraum abgestrahlt werden, ist nach Messungen wesentlich kleiner, als erwartet. Auch dieses Problem , das bisher unerklärlich war, kann durch meine Theorie geklärt werden .

29 . Diese Theorie stimmt ferner überein" mit den Meinungen der großen Philosophen, wie **Kant** und **Heidegger**.

30. Die festgestellten und bisher unerklärbaren deutlichen Bahnabweichungen und Geschwindigkeitsverlangsamungen der in den Jahren 1972 und 1973 gestarteten Raumsonden Pioneer 10 und Pioneer 11 (es ist da die Rede von geheimen Kräften und ob die Gesetze von Newton falsch wären) **könnten nunmehr durch diese Theorie erklärt werden** , durch mögliche hohe Energiekonzentrationen in der Nähe der Bahnen dieser Raumsonden , die im Gegensatz zu Massen, selbstverständlich nicht sichtbar zu sein brauchen **(vergl. auch meine wissenschaftliche Arbeit „Verfügt auch die Energie über eine Gravitation?")**.

Die gravierendsten Konsequenzen dieser Theorie sind jedoch, daß das bisher

angenommene Alter des Universums von 12-15 Milliarden Jahren nicht mehr richtig ist und erheblich korrigiert werden müßte , (vergl. auch mein Buch (Revolution der Astronomie und Physik")und ferner daß die bisher angenommenen Entfernungen der meisten Sterne und Galaxien ebenfalls nicht richtig sind und ebenfalls total revidiert werden müßten , wie bereits beschrieben .

Im Rahmen dieses Kapitels konnten natürlich nur **einige** Beispiele gegeben und kurz erläutert werden.   Die Anwendungsgebiete dieser Theorie sind jedoch in der Tat erheblich größer und können deshalb hier nicht alle erwähnt werden.

Ich hoffe ,daß es mir gelungen ist, Ihnen meine energetische Relativitätstheorie, die von immenser Bedeutung für das ganze Universum ist , verständlich zu machen , wobei ich darauf hinweisen möchte, daß dazu ein abstraktes Denkvermögen förderlich wäre .

Kapitel 10

Energie und Materie

Weshalb führen die im Universum vorhandenen riesengroße Energiemengen und Gravitationen nicht zu massiven Katastrophen ,Entgleisungen und zum Chaos?

Materie ist eingefrorene Energie , und somit praktisch eine **andere Erscheinungsform** der Energie .
Energie ist bekanntlich sehr **flüchtig** und hat **enorme Wirkungen**, denken wir z.B. an die große Hitzewirkung oder an starke Strahlungen ,die unvorstellbar groß werden und verheerenden Folgen haben können , wie z.B. bei einer Atombombe .

Deswegen ist in der Natur unbedingt erforderlich, daß große Energiemengen eingebunden bzw. konserviert werden . Das geschieht in der Natur durch Umwandlung der Energie in Materie . Dadurch wir die .Energie praktisch auf unbestimmte Dauer **konserviert** , gleichzeitig aber **neutralisiert** und sozusagen in kleinen Paketen **konzentriert** und eingepackt. Aus offenen Wellen entstehen dabei geschlossene Materiewellen . Dadurch werden enorm

große Kräfte **gebunden** und gezügelt. Dadurch verhindert die Natur gleichzeitig Katastrophen durch sehr starke Energiewirkungen .
Die so eingefrorene Energie kann natürlich jederzeit wieder in Energie umgewandelt und ihre große Wirkungen wieder entfalten.

Im Rahmen **meiner wissenschaftlichen Arbeiten über Gravitation** konnte ich zeigen , daß auch die **Gravitation** in der Materie in eingefrorener minimalisierter Form vorliegt und bei der Umwandlung der Materie in Energie wieder in ursprüngliche erheblich stärkere Form zutage tritt.
Deswegen ist auch die äußerst starke Gravitationswirkung der Energie in Materie eingefroren und somit auf Zeit teilweise neutralisiert, damit Entgleisungen ausbleiben.

Wie geschehen in der Natur solche Umwandlungen ?

Auf die fundamentale Rolle der **Galaxien bei der Materienentstehung aus Energie** habe ich bereits im Rahmen meiner wissenschaftlichen Arbeiten über Galaxien ausführlich hingewiesen , weswegen hiermit darauf verwiesen wird.

Wann, wie und weswegen in den einzelnen Phasen der Expansion und Kontraktion des **Universums die Energie sich im Materie bzw. Antimaterie umwandelt und umgekehrt** ,habe ich ebenfalls sehr ausführlich im Rahmen meiner **DPNS-Theorie** der Entstehung des Universums bzw. der Schöpfung beschrieben (s. **mein Buch „ Das Geheimnis der Entstehung des Universums, meine**

DPNS-Theorie") und möchte deswegen hiermit ebenfalls darauf verweisen .

Die örtlichen Umwandlungen der Energie in Masse und umgekehrt , gehen meines Erachtens in sehr einfacher und logischer Form vor sich.
Wo Energie in großem Überschuß vorhanden ist , wandelt sie sich spontan in Materie um, und wo Materie in sehr großem Überschuß vorliegt, wandelt sich die Materie spontan in Energie um, ähnlich wie bei dem **Massenwirkungsgesetz** in der Chemie, die nur von der Konzentration abhängig ist. Meines Erachtens sind die Sachen in der Natur sehr einfach konzipiert, sie werden nur durch Menschen schwerer gemacht bzw. schwerer gedacht .

Die Verhältnisse sind draußen im Universum keineswegs identisch mit den Bedingungen auf unserer Erde bzw. in unserem Labor. Deswegen sind auch die Ergebnisse nicht ohne weiteres miteinander vergleichbar. Z.B. so enorme Energiekonzentrationen sind auf unserer Erde oder gar in unserem Labor erst gar nicht vorstellbar.

Auch und insbesondere deswegen ist es im Universum ganz unerläßlich, daß die enorme große Energien gebunden werden, da sie sonst zu massiven Entgleisungen und zum totalen Chaos führen würden, und zwar nicht nur etwa durch ähnlich Eigenschaften, die wir auf der Erde als Energie kennen, wie Hitze oder Strahlung, sondern durch massive zusätzliche Gravitationen, die sonst das ganze Gefüge des Universums in Chaos stürzen würde. (vergl. diesbezüglich auch Kapitel 6).

Deswegen gehört dieses bisher unentdeckte Prinzip zu den Grundprinzipien der Natur , und sorgt schonend

dafür, daß freie Energie im Universum nur in dosierten Mengen vorliegt damit sie keine Entgleisungen auslösen kann ,und nur soviel frei gesetzt wird , wie nötig.

Solche allgemein **nach beiden Seiten laufenden Prozesse** sind im übrigen in der Natur sehr verbreitert , z.B. auf dem Gebiet der **Chemie und Physik**, jedoch selbstverständlich in ähnlicher Form . Zum Beispiel viele chemische Reaktionen sind konzentrationsabhängig und laufen je nach der Konzentration nach der einen oder anderen Richtung.
Auch die **Osmose** und die **Diffusionsvorgänge** sind **konzentrationsabhängig** und können somit je nach den jeweiligen Konzentrationen nach der einen oder anderen Seite laufen.

Kapitel 11

Leben als Energieerscheinung

Was ist das Leben?
Weshalb müssen wir und   die anderen Lebewesen
regelmäßig essen und ständig atmen ?
Was hat Energie mit dem Leben zu tun?
Welche Rolle spielen die DNA- Moleküle ? Leben sie
auch ?

Schauen wir uns zunächst einige schöne Bilder an, die
keines Kommentars bedürfen:

Bildquelle :PixelQuelle.de

Abb. 1

Bildquelle :PixelQuelle.de

Abb. 2

Bildquelle :PixelQuelle.de

Abb. 3

Bildquelle :PixelQuelle.de

Abb. 4

Bildquelle :PixelQuelle.de

Abb. 5

Abb. 6

Es mag im ersten Augenblick seltsam erscheinen, Leben als Energieerscheinung zu betrachten. Wir werden jedoch anderer Meinung sein , wenn wir am Ende dieses Kapitels angekommen sind .

Wir wollen zunächst untersuchen. was wir überhaupt unter Leben verstehen. Die Beantwortung dieser Frage ist keineswegs so einfach. Zunächst müssen wir feststellen, daß Leben normalerweise an seinen **_Träger_**, nämlich dem Lebewesen geknüpft ist. Ein Lebewesen lebt und ein Nichtlebewesen bzw. Nichtlebendiger ist tot. Das Leben ist also das **<u>Unterscheidungsmerkmal</u>** zwischen den Lebewesen und Nichtlebewesen.

Leben und damit auch die Lebewesen sind gekennzeichnet durch folgende **Eigenschaften**: Stoffwechsel, Wachstum, Fortpflanzung, Reizbeantwortung, Bewegung und selbstverständlich auch durch Aufbau und Zusammensetzung. Es sind also bestimmte Eigenschaften bzw. Erscheinungen, die Leben vom Tod unterscheiden.

Andererseits wissen wir, daß ein Lebewesen **dauernd Stoffe** (Nahrungsmittel, Sauerstoff usw.) **bzw. Energie braucht**, um am Leben zu bleiben. Bekommt das Lebewesen nicht ständig bzw. in kurzen Intervallen diese Stoffe, so stirbt es und verliert damit auch seine oben genannten Charakteristika.
Diesen Energiebedarf besorgt sich das Lebewesen in der Regel selber **aktiv.**

Die Aufrechterhaltung des Lebens als Zustand und die dauernde Energiegewinnung sind offenbar erschöpfend bzw. ermüdend , da zumindest höhere Lebewesen auf regelmäßigen **Schlaf** angewiesen sind.

Es handelt sich somit um **weitere Charakteristika der Lebewesen .**

Die Nahrungsmittel , Energielieferanten der Lebewesen, werden bekanntlich eingeteilt in Kohlenhydrate, Lipide und Proteine , wobei Fette und Eiweißkörper im Organismus in KH umgewandelt werden können.

Die Lebewesen entziehen nun zur Energieerzeugung den Kohlenhydraten, unter Zuhilfenahme komplizierter fermentativer Prozesse, Wasserstoff und verbinden ihn mit dem durch die Atmung aufgenommenen Sauerstoff zu Wasser : $H_2 + O_2 = H_2O +$ **Energie**. Das ist somit die **Energie** liefernde chemische Reaktion, die den Lebewesen die notwendige Energie liefert, die sie brauchen, um am Leben zu bleiben.

Die grünen Pflanzen können durch die Fotosynthese Wasser (H_2O)unter Zuhilfenahme des Sonnenlichtes in H_2 und O spalten und somit H_2 zur Synthese der organischen Verbindung gewinnen. Auch das ist somit eine Energiegewinnung.

Wir stellen also fest: Die Lebewesen brauchen und erzeugen Energie, um ihr Leben aufrecht zu erhalten. Bekommen sie diese Energie nicht, so verlieren sie die oben genannten Eigenschaften des Lebens und sterben schließlich ab. Ihre Bausteine, die hauptsächlich aus C-, H-, O-, N-, S-, und P-Atomen bzw. deren Verbindungen bestehen, zerfallen dann durch einen langsamen Verwesungsprozeß, und aus den Elementen entstehen dann im Laufe der Zeit wieder andere Lebewesen.

Anschaulich ausgedrückt: Leben ist an eine ständige ***Energiepumpe*** geknüpft; **hört das Pumpen auf, so hört das Leben ebenfalls auf und geht in den Tod über.**

Es gibt in der Natur auch weitere Phänomene bzw. Zustände, zu deren Aufrechterhaltung eine ständige Energiezufuhr erforderlich ist, wie z.B. Feuer, Flamme oder

Licht . Sie können uns helfen, diese Vorgänge besser zu verstehen.   Sobald die Energiezufuhr unterbrochen wird (z.B. durch Abschaltung des elektrischen Stroms oder Sauerstoffentzug) erlöschen sie.

Eines können sie aber alle nicht: sie sind nicht in der Lage ihre Energie selber, d.h. **aktiv** zu besorgen.

Wir wissen aus der Physik, daß Lichterzeugung darauf beruht, daß z.B. durch elektrische Energie die Elektronen der Atome auf eine höhere Bahn bzw. **höheres Energieniveau** angehoben werden. Wenn die Elektronen nun wieder auf das niedrigere Energieniveau zurückfallen, entstehen Lichtquanten.   Dieses Phänomen bezeichnet man als **Quantensprung,** die auch für das Zustandekommen der für die Atome jeder Materie charakteristischen Spektren verantwortlich ist.
Zur Aufrechterhaltung der Quantensprünge ist laufende Energiezufuhr erforderlich.   **Man könnte sich durchaus vorstellen, daß das Leben auch eine ähnlich höhere Energiestufe darstellt.**

In der Biologie bzw. Medizin ist es ein offenes Geheimnis, und auch durch radioaktive Isotope Markierungen festgestellt, daß die Atome , aus denen der menschliche Körper aufgebaut ist, **dauernd gegen andere, mit der Nahrung aufgenommenen „ toten" Atome ausgetauscht werden.** Das bedeutet, daß unser Körper bzw. unser Leben z.B. vor 2o Jahren aus anderen Atomen aufgebaut war wie heute. Bei anderen Lebewesen ist es genauso. Das bedeutet, daß laufend „ tote" Atome und Moleküle der Nahrungsmittel zum Leben erweckt werden. Das Erwecken kann nur so geschehen, daß die Atome in einen höheren Energiezustand versetzt werden.

Welchen Sinn bzw. welche Bedeutung dieser ständige Austausch der Atome und Moleküle hat , der bei allen Lebewesen vorhanden und mit einem enormen Aufwand verbunden ist , kann leider nicht hier im Rahmen dieses Kapitels abgehandelt werden , da sonst der Rahmen dieses Buches gesprengt würde . Auf diese äußerst interessante Thematik wird vielmehr ausführlich eingegangen , zusammen mit einer diesbezüglichen Theorie von mir, **in meinem Buch „ Geheimnisse der Evolution „.**

Wir wissen aus der Physik, daß Masse (also auch die Atome) in Energie umgewandelt werden kann . diese Energiemenge kann berechnet werden nach der Formel :

$$E = m\,c^2$$

Der Physiker de Broglie konnte zeigen, daß Materie aus Energie- bzw. Materiewellen aufgebaut ist. Deswegen bestehen die Bausteine der Lebewesen schon aus Energie. Wir halten also nochmals fest : Lebewesen **_bestehen_** aus Energie.
Diese Grundmenge an Energie, die schon jede „ tote" Materie besitzt, ist jedoch hier nicht gemeint, wenn wir vom Leben als Energieerscheinung reden, sondern gemeint ist , die **_zusätzliche_** Energie , die das Leben kennzeichnet.

In unserer täglichen Sprache kommen im übrigen Ausdrücke vor, die , wenn auch unbewußt, auf diese Erscheinungen hinweisen.   Man bezeichnet z.B. bestimmte sehr aktive

Leute als *energisch*   .   Ferner spricht man von *Lebensenergie*.

Nach diesen Ausführungen sind wir nun in der Lage eine Definition für das Wort Leben zu geben: **Leben ist eine aktive Energieerscheinung, die laufend Energie benötigt, und   ist vergleichbar mit einem höheren Quantenzustand .**

Es handelt sich um einen **aktiven** Zustand, da die ganzen Charakteristika der Lebewesen aktive Eigenschaften sind. Wenn die Energie zuführende Energiequelle des Lebewesens, nämlich das Nahrungsmittel, unterbrochen wird, so stirbt es nicht sofort, sondern verliert langsam die charakteristischen Lebenseigenschaften und wird langsam energieärmer.

Ein hungernder Mensch wird z.B. zunächst schlapp, bewegt sich langsamer, wird schläfrig , wird mager, die geistigen Aktivitäten lassen nach, verliert das Bewußtsein, die Atmung und die Herzfrequenz werden langsamer, bis schließlich, meistens erst nach Wochen, der Tod eintritt.

Eine Pflanze, die kein Wasser bekommt, wird zunächst welk, bekommt gelbe Blätter, trocknet langsam aus und geht schließlich ein.

Leben ist also nichts anderes als eine Sondererscheinung der Energie. Tote Stoffe z.B. Atome wie Kohlenstoff, Sauerstoff oder Wasserstoff-Atome können unter bestimmten Voraussetzungen untereinander Verbindungen eingehen, und z.B. Nukleinsäure bilden , die als DNA - Moleküle bekanntlich als Bausteine der Chromosomen der

Menschen dienen und eben die Eigenschaft haben, sich zu vermehren, Eiweißkörper zu synthetisieren, fermentative Prozesse in Gang zu setzen und Leben zu erzeugen , bzw. selbst zu leben .

Die DNA-Moleküle bestehen also , genau so wie bei anderen Molekülen , ebenfalls aus einfachen Atomen , auch wenn sie aus vielen Atomen bestehen, und lassen sich selbstverständlich wieder in einzelne Atome zerlegen, gewinnen jedoch , wie bei allen anderen Molekülen , durch die Vereinigung der Atome, aus denen sie gebaut sind, _neue Eigenschaften_ bzw. , _Sondereigenschaften_ . **Diese Sondereigenschaft der DNA heißt eben Leben .**

Wir können also feststellen : Leben ist zwar etwas sehr Wertvolles , aber nichts Phänomenales, sondern lediglich eine **Sondererscheinung der Energie** .

Es ist durchaus möglich , daß das Leben anderswo im Universum auf anderen Planeten ganz anders aussieht , als hier bei uns auf der Erde , wie im Kapitel 2 bereits darauf hingewiesen.

Kapitel 12

Meine Theorie

Von Ursache und Mechanismus

der Evolution

Wer führt eigentlich die Evolution herbei bzw. was ist die eigentliche Ursache der Evolution? Wie funktioniert sie ?

Meine nachfolgende Theorie von Ursache und Mechanismus der Evolution beantwortet diese Frage:

Die DNA-Moleküle haben nicht   nur die Fähigkeit des Lebens, sondern sie haben bereits eine Art **quasi Instinkt zum Überleben, können bereits planen, organisieren , ausprobieren ,und müssen auch in gewissem Umfang quasi denken können** . Das (quasi) Denkvermögen der DNA-Moleküle ist selbstverständlich nicht so differenziert , detailliert und kompliziert   vorzustellen, etwa wie beim Menschen, sondern als ein Denkvermögen sehr einfacher

Art , vergleichbar etwa mit einem Instinkt. zum Überleben , Überlebensstrategien zu entwickeln bzw. auszuprobieren und das, was wir eben als Evolution der Lebewesen bezeichnen. Anders ist die Evolution nicht vorstellbar.

Unser Denkvermögen bzw. das Denkvermögen unseres Gehirns ist selbstverständlich erheblich differenzierter und komplizierter und deswegen überhaupt nicht vergleichbar und weit entfernt von dem sehr einfachen (quasi) Denkvermögen der DNA, da abgesehen davon , daß die Chromosomen selbstverständlich kein Gehirn besitzen und nur Moleküle sind, unser Gehirn und somit unser Denkvermögen durch die Evolution im Laufe mehrerer Milliarden Jahren nach und nach und Schritt für Schritt sich entwickelt und perfektioniert hat , allerdings Dank der DNA-Steuerung.

Die Darwinsche Theorie der natürlichen Selektion kann nur einiges erklären , jedoch keineswegs die gesamten Vorgänge der Evolution. Die normalen Nachkommen der einzelnen Tiere können zwar etwas verschieden sein, jedoch niemals so verschieden , daß z.B. die normalen Nachkommen der Landtiere Flügel hätten, auch nicht andeutungsweise.
Nur mit der natürlichen Selektion und Kampf ums Überleben bzw. Weiterkommen der robusteren Nachkommen können keineswegs alle Probleme der Evolution gelöst werden , sondern bestenfalls nur minimale Veränderungen.
Die Rolle der DNA muß dringend überdacht und erweitert werden. Bei DNA handelt es sich keineswegs um passive Moleküle ,wie bisher angenommen worden ist, die etwa von anderswo Befehle bekommen würde, sondern es handelt sich durchaus um <u>aktive</u> Moleküle ,

mit der Eigenschaft des aktiven Lebens, d.h. sie sind selbst das Leben und   die Kommando-Zentralen der aktiven Lebensvorgänge

Im Rahmen dieses Buches konnte leider nicht noch ausführlicher auf diese Probleme eingegangen werden. Deswegen muß wegen einer ausführlicheren   Darstellung dieser äußerst interessanten Problematik auf **mein Buch „Leben, Krankheit , Alter, Tod" verweisen werde, das auch weitere sehr interessante Theorien von mir beinhaltet.**

In der Natur ist im Laufe der Milliarden Jahre alles mögliche von den DNA-Molekülen bzw. Chromosomen **ausprobiert** worden.   Das Ergebnis sind die verschiedenartigsten Lebewesen, die entstanden sind.   Wenn sich eine Sache nicht bewährt hat, so wurde deswegen wieder eliminiert. Z.B. einige entstandenen Arten bzw. Lebewesen hatten Eigenschaften, die für das Existieren nicht geeignet waren. Z.B. einige Tiere verfügten nicht über ausreichende Verteidigungsmittel, und wurden deswegen laufend von anderen Tieren gefressen und hatten so keine Chancen längere Zeit weiter zu bestehen   bzw. zu überleben und starben deswegen völlig aus. Einige Tieren waren zu groß , zu klotzig und völlig irrationell gebaut , so daß sie z.B. auf enorm große Nahrungsmengen angewiesen waren , die schwer zu beschaffen waren und starben deswegen wieder aus.
Eigenschaften , die sich nicht bewährten wurden durch die Evolution abgeschafft.   Es sind im Laufe der Evolution sogar ganze Spezies wieder verschwunden. So sind bis jetzt sage und schreibe ca. 500 Millionen Arten durch die Evolution ganz abgeschafft worden.

Nach einer weiteren Theorie von mir, war dies auch die ***Ursache des Aussterbens der Dinosaurier (vergl. auch Bd. I dieses Buches)*** da sie viel zu groß und somit völlig irrationell gebaut waren und dies mit enormen Nachteilen verbunden war. Es ist ferner denkbar, daß ihre inneren Organe, wie z.B. ihre Herzen   nicht in der Lage waren die Pumpenfunktion   bei größeren Belastungen effektiv aufrechtzuerhalten , so daß z.B. größere Belastungen zu Herzinsuffizienz führten, oder daß ihre Lungen ebenfalls wegen der enormen Körpergröße z.B. nicht in der Lage waren, bei hohen Belastungen das Blut mit ausreichend Sauerstoff zu versorgen , so daß bei Belastungen Erscheinungen der Lungeninsuffizienz   auftraten und das Leben erheblich erschwerten , usw. **Sie starben wieder durch die Evolution, die sie geschaffen hatte, da sie sich nicht bewährt hatten (Näheres s. meine wissenschaftliche Arbeit „ Meine Theorie der Ursache des Aussterbens der Dinosaurier").**

Die   anderen Theorien , wie die Theorie der dünnen Eierschalen oder die Theorie des Meteoriten-Einschlages als Ursache des Aussterbens der Dinosaurier halten einer ernsthaften Überlegung und Überprüfung nicht statt. Weshalb starben z.B. nicht auch die anderen Lebewesen bei dem Meteoriteneinschlag?

Es   muß   ein   intensiver   Erfahrungsaustausch   bzw. Kommunikation zwischen den Chromosomen und der Umwelt stattfinden , derart, daß die Chromosomen von den Geschehnissen der Umwelt erfahren, damit sie in die Lage versetzt würden, sich darauf einzustellen bzw. weiter zu planen, ähnlich wie unsere Sinnesorgane über die peripheren Nerven die Reize zum Gehirn weiterleiten , damit dort die Reize bzw. die Signale weiter verarbeitet werden und evt. Reaktionen erfolgen können.

Z.B. wenn eine bestimmte Tierart nicht über ausreichende Verteidigungsmittel verfügt und laufend von den anderen Tieren gefressen wird, oder   nicht über ausreichende Schutzvorrichtungen gegenüber den Naturereignissen hat, und laufend beschädigt oder vernichtet wird , erfahren die Chromosomen davon und versuchen entweder die Tierart zu verbessern, z.B. durch Abwehrmechanismen   ,oder diese Tierart stirbt ganz aus, weil eine anderweitige Korrektur durch die Chromosomen nicht mehr möglich war (wie z.B. bei den Dinosauriern) .

Später , als im Laufe der Evolution Arten entstanden, die über ein Gehirn verfügten, wurden diese aktiven Eigenschaften der Chromosome   , wie planen , Überlebensstrategien   entwickeln   und   das   quasi Denkvermögen , durch die Gehirne teilweise übernommen , vervollständigt und verbessert.

Es gibt im Universum Grenzen für jede Sache, wie z.B. für die Größe , für Temperatur und auch für andere Eigenschaften . Die Natur läßt jeweils bestimmte Grenzen d.h. Toleranzen zu, die eingehalten werden. **Sollte irgendwann etwas in der Natur entstehen, das diese Grenzen nicht einhält , so wird es automatisch wieder eliminiert werden, da es z.B. instabil wäre oder würde.** Z. B. für Galaxien gibt es Grenzen für deren Größe. Alle Galaxien, die wir kennen, befinden sich innerhalb dieser Grenzen . Es gibt z.B. keine Galaxien, die diese Grenze erheblich   über-   oder unterschreiten würden, d.h. Riesendimensionen   hätten   gegenüber   den   anderen Galaxien.

Genauso ist mit den Sternen. Auch sie sind kleiner oder größer, es gibt aber keine Sterne , die Riesendimensionen hätten gegenüber den anderen . Jeweils ein bestimmter Faktor der Größenabweichung wird in der Natur zugelassen, die toleriert wird. Wenn irgendwann Gebilde entstehen, die diese Toleranzgröße erheblich über- oder unterschreiten, so würden sie automatisch wieder eliminiert werden, da z.B. sie instabil würden.

Das Ausprobieren bzw. experimentieren ist nach meiner Meinung das eigentliche Mittel der Evolution .
 Wir müssen uns vergegenwärtigen, daß die Evolution sehr lange Zeit hat für solche Experimente, d.h. Millionen und Milliarden Jahre .   Alles , was nicht richtig lebensfähig oder irrationell ist, wird wieder eliminiert, und alles, was eine echte Verbesserung darstellt und besser lebensfähig ist , wird weiter entwickelt.
Dazu ist ein aktives Denken , wenn auch anders als in herkömmlichen Sinne, und Erfahrungsaustausch bzw. Kommunikation mit der Umwelt erforderlich , wozu die Chromosomen , wie oben angedeutet, in der Lage sind.

Der Instinkt bzw. das (quasi) Denkvermögen (im obigen Sinne) der DNA ist die eigentliche Ursache der Evolution.

Diese Theorie wird bewiesen z.B. durch die **Viren** , die praktisch nur aus Nukleinsäure bzw. Chromosomen bestehen , so daß alle ihre Eigenschaften und Fähigkeiten inklusive aller aktiven Lebensvorgänge nur durch ihre Nukleinsäure-Moleküle erklärbar sind und nur von ihnen geschaffen bzw. bewerkstelligt werden müssen . Die Viren haben bekanntlich bereits die Fähigkeit virulent zu werden, die Wirtszellen zu befallen , an die Zellen anzudocken , in die Zellen zu penetrieren , sich zu vermehren und so zu überleben. Sie haben bereits die Fähigkeit sich weiter zu entwickeln und ihre Eigenschaften zu verbessern.

Einige Viren sind geradezu Überlebensmeister und entwickeln sich ständig weiter und erhöhen ihre Überlebenschancen wie z.B. das Grippe- bzw. Influenza-Virus, das bekanntlich in der Lage ist, laufend seine Antigenstruktur zu verändern und dadurch die Impfstoffe , die gegen die vorherigen Grippe-Viren wirksam gewesen sind, zu umgehen und so zu überleben .

Die Ursache aller dieser genannten Eigenschaften der Viren muß in der Nukleinsäure (Chromosomen) der Viren liegen , da sie praktisch nur aus Nukleinsäure bestehen.

Ein weiterer Beweis für den **Instinkt und das quasi Denkvermögen der DNA-Molekülen** ist die **Resistenzentwicklung** der **Bakterien** z.B. gegen die Antibiotika in der Medizin , z.B. die **Resistenzentwicklung** der Tuberkel-Bakterien gegen die Tuberkulostatika . Auf dieses Phänomen bin ich jedoch bereits im Kapitel 1 eingegangen . Deswegen wird dorthin verwiesen , um unnötige Wiederholungen zu vermeiden .

Auch die Resistenzentwicklung bei der Malaria-Bekämpfung gehört hierher und findet so ihre Erklärung.

So verhindert die Natur, daß eine Spezies ganz verschwindet.

Nicht zu verwechseln ist diese erworbene Resistenz mit der natürlichen Resistenz einige Individuen gegen bestimmte Erreger. D.h. daß bestimmte Individuen innerhalb einer Spezies eine natürliche Resistenz gegen bestimmte Erreger haben , d.h. beim Befall mit diesen Erregern nicht erkranken.

Erst vor nicht allzu lange Zeit hat z.B. die aufgetretene Seuche bei Robben uns gezeigt und bestätigt, daß z.B. eine Seuche nicht die ganze Art der Robben vernichten kann, sondern , daß fast immer einige Individuen überleben , so daß nicht die ganze Art vernichtet werden kann.

Zusammengefaßt ist das Bestreben zum Überleben der einzelnen Arten das Ziel der Evolution ,das Experimentieren und Ausprobieren das Mittel der Evolution, und der Instinkt bzw. das (quasi) Denkvermögen der DNA sowie ihr Informationsaustausch mit der Umwelt die eigentliche Ursache und der Mechanismus der Evolution.

Anders wäre es überhaupt nicht möglich gewesen, daß die Nukeinsäure-Moleküle bzw. Chromosomen überleben und sich weiter entwickeln. Eine Evolution wäre sonst ausgeschlossen.

Mit der Entstehung der Menschen ist die Evolution keineswegs abgeschlossen, sondern die Evolution wird die Menschen immer weiter perfektionieren . Wir dürfen keineswegs

überheblich sein und glauben, wir wären die besten, die schönsten, die prächtigsten und die perfektesten Lebewesen, die in der Natur jemals entstanden sind. Die Evolution ist zu weit mehr in der Lage. Es werden sicherlich weitere perfektere Lebewesen entstehen, die Fähigkeiten haben werden, von denen wir nur träumen können. Negative Entwicklungen werden genauso wieder ausgelöscht werden, wie es auch in der Vergangenheit geschehen ist, z.B. wie bei Dinosauriern.

Kapitel 13

Meine Theorie

über Grund und Sinn der

physikalischen Veränderungen

und der

astronomischen Erscheinungen

Schon unser Physiklehrer auf dem Gymnasium sagte uns immer wieder , in der Physik dürfen Sie nach allem fragen aber nicht nach dem Grund der physikalischen Gesetze und Veränderungen . Sie alle beruhen bekanntlich nur auf **Experimenten , Beobachtungen und Erfahrungen .**

Wenn Sie in einem **Physikbuch** nach einer Formel oder nach einem physikalischen Gesetz suchen , so werden Sie sehr schnell fündig. **Wenn Sie aber nach dem Warum suchen, so werden Sie sehen, daß sie Suche völlig vergebens ist. Sie werden darüber nichts finden.**

Daßelbe gilt auch für die **Chemie**, wenn auch nur relativ.

Mittlerweile sind viele Jahre vergangen . Ich habe es aber trotzdem nie aufgegeben nach dem Warum und nach dem Sinn in der Physik und Chemie zu fragen und darüber nachzudenken . Vor einigen Jahren ist mir aber der Sinn klar geworden :

Wie ich in meinen wissenschaftlichen Arbeiten über die Evolution, bereits ausführlich dargestellt habe , ist der tiefere Sinn der Evolution der Lebewesen **das Bestreben nach Überleben.**

Genauso muß es auch bei der Materie sein . Ich habe bereits in zahlreichen wissenschaftlich Arbeiten ausführlich dargestellt und begründet, daß nicht nur das , was wir als Lebewesen bezeichnen,   lebt , sondern **auch die Materie** , die wir als tot bezeichnen , wenn auch etwas anders und in einem etwas anderen Sinne . Ich habe ferner bereits darauf hingewiesen und beschrieben, daß **auch bei der Materie durchaus Kommunikationen und Erfahrungsaustausch stattfinden**   (s. Kapitel 16 und ferner   **mein Buch „Revolution der Astronomie und Physik"**).

Auch die Materie muß das Bestreben haben zu überleben . Deswegen muß sie sich laufend an die Umgebung anpassen .

Dies möchte ich anhand der nachfolgenden Beispielen klar machen :

A. Physik:

1. Thermodynamik:

Wir wissen, daß sich **die Materie durch Erhitzen ausdehnt und durch Kälte zusammenzieht** . Dies können wir durch Beispiele und Formeln darstellen und nachrechnen, der Sinn bleibt uns aber zunächst verborgen .
Wir stellen uns ein **Glas** (Trinkglas) vor . **Bei der Wärme wird der Materie Energie zugeführt** . Die Materie nimmt diese Energie auf und wandelt sie in Bewegung um. **Die Atome bzw. Moleküle bewegen sich dadurch schneller** , deswegen **erhitzt** sich die Materie , bleibt aber zunächst zusammen , d.h. die Bestandteile des Glases nehmen die Wärme auf, das Glas **<u>dehnt sich aus</u>, erwärmt sich, bleibt aber solange wie es geht zusammen und die Integrität bleibt so bewahrt** . **Dies stellt eine Art Anpassung und Kompensation dar,** denn wenn die Atome bzw. Moleküle des Glases dies nicht tun würde, würde die zunehmende Wärmezufuhr sehr schnell dazu führen, daß die Atome bzw. Moleküle der Materie mit einem Knall auseinander gehen und die Materie bzw. der Gegenstand somit zerfällt und zerstört wird .

Die **Materie bzw. das Glas möchte aber überleben** bis es natürlich nicht mehr geht. . **Dies ist aber möglich, wenn die Bestandteile des Glases zusammen bleiben.**

Bei der Kältezufuhr ist es ähnlich, wohl aber umgekehrt . Bei einem Energieentzug muß die Materie sparsam mit ihrer Energie umgehen .Deswegen werden die Bewegungen der Atome und Moleküle gedrosselt und so Energie gespart .

Der Sinn ist in beiden Fällen das Bestreben der Materie zu überleben.

2. **Neigung zur Klumpen- und Gruppenbildung** :
Alle Atome und Moleküle haben das Bestreben sich zu verklumpen bzw. sich zu Gruppen zusammenzuschießen:

Wir kennen z.B. die **Kohäsionskräfte** bei Flüssigkeiten , die auf anziehende Kräfte zwischen den einzelnen Molekülen der Flüssigkeiten beruhen und dafür sorgen, daß die einzelnen Moleküle zusammen bleiben und sich nicht einzeln verteilen .

Wir wissen alle z.B. was passiert , wen wir etwas Wasser auf den Boden gießen. Die Wassermoleküle fallen nicht etwa auseinander, sondern bilden einzelne **Tropfen und kleinere und größere Wasserflächen. Sie bleiben also in Gruppen zusammen .**
(vergl. auch die **Van-der Waals-Kräfte**) .

Das bedeutet eine **Erhöhung der Überlebenschancen** der Wassermoleküle, da sie einzeln in der großen Welt schnell verloren wären . **Dies ist vergleichbar mit der Gruppenbildung bei den Tieren**, die ebenfalls einen erheblichen Schutz und somit eine erhebliche Steigerung der Überlebenschancen bedeutet .

3. **Mechanik :**

Die Newtonsche Axiome :

Z.B. aus dem **2. Axiom** geht hervor, daß eine konstant auf einen Körper wirkende Kraft zu einer beschleunigten Bewegung führt .

Der Sinn dieser Tatsache besteht darin, daß wenn der betreffende Körper nicht nachgeben und sich nicht entsprechen der Krafteinwirkung bewegen würde, durch die Kraft zunehmend komprimiert und Gefahr laufen würde zerstört zu werden.
Es handelt sich somit auch hier um eine Art Anpassung, **um ein Bestreben der Materie zu überleben .**

Gemäß dem **3. Axiom** ruft eine Kraft , die auf einen Körper wirkt, eine Gegenkraft hervor , die genau so stark, aber entgegengesetzt ist ,

Auch der Sinn dieses Axioms ist **das allgemeine Bestreben der Materie ist zu überleben** und eine Art **Abwehrmechanismus** gegen die Umwelt, da sonst die einwirkende Kraft zum Zerstören der Materie führen könnte.

4. **Elastizitätsänderung** : Wir versuchen einen nicht allzu dicken Ast zu brechen .
Beim 1. Versuch biegen wir den Ast **plötzlich** ab bis er bricht, und beim 2. Mal biegen wir den Ast **langsam** ab, bis er ebenfalls bricht . Wir werden feststellen, daß der Ast beim 1. Versuch deutlich früher bricht als beim 2.Versuch . **Warum ?**

Wenn wir den Ast langsam abbiegen, haben die Moleküle des Astes ausreichend Zeit sich so zu ordnen, daß der Ast nicht so schnell bricht , **sie leisten quasi Widerstand gegen die äußere Gewalteinwirkung.** Wenn wir aber den Ast schnell abbiegen, bleibt den einzelnen Molekülen keine Zeit sich entsprechend zu ordnen

Dies ist im übrigen einer der Gründe , weshalb die **Karate-Schläge** erheblich wirksamer sind beim Brechen der Gegenstände ,da diese Schläge nicht nur kräftiger, sondern auch **erheblich schneller** sind .

Die einzelnen Moleküle des Astes haben also auch hier **das Bestreben zu überleben** , also gegenüber der äußerlichen Gewaltanwendung Widerstand zu leisten , damit der Ast möglich nicht bricht   ,wenn es irgendwie möglich ist .

B. Physik/ Astronomie:

1. Verklumpen der Atome bei der Entstehung der Sterne:

Der Sinn des Verklumpen der Atome bei der Entstehung der Sterne ist durch den Zusammenschluß und Erreichen einer bestimmten Größe thermonukleare Reaktionen einzuleiten , um so erhebliche Mengen Energie zu gewinnen   und somit besser **zu überleben** .   Die einzelnen Atome wären einzeln sozusagen heimatlos , wären im riesengroßen Universums verloren ,und außerdem nicht in der Lage diese Energiequelle anzuzapfen .
Außerdem entsteht durch den Zusammenschluß der vielen einzelnen Atome, de für sich alleine nur über eine äußerst winzige Gravitationskraft verfügen würden, eine große Gravitation zu erzielen , die es ermöglicht besser überleben zu können, anstatt von anderen Objekten angezogen zu werden und somit verloren zu gehen .

2. Verklumpen der Atome zu Planeten:

Auch bei der Planetenbildung entsteht durch die Verklumpung eine Art Zusammenhalt , wie bei der Gesellschaftsbildung der Menschen, und **erhöht die Überlebenschancen** . Einzelne Atome im Universum wären sozusagen verloren .

3. Galaxiebildung :

Ebenfalls bei der Galaxiebildung handelt es sich um ein Bestreben nach Überleben , da dadurch zahlreiche Sterne zusammengehalten werden , eine riesengroße Kraft (Gravitationskraft) darstellen und somit **besser überleben** können .

Das Verklumpen der Atome und Moleküle bzw. der Materie ist vergleichbar mit der **Gruppenbildung bei den Tieren** . Die einzelnen Tiere genießen in der Gruppe einen größeren Schutz gegenüber den äußeren Gefahren und ihre Überlebenschance wird so erheblich erhöht .

Es muß betont werden, daß einige physikalischen Veränderungen und astronomischen Erscheinungen durchaus **Zwischenstufen** darstellen können, auf dem Weg der Perfektionierung und somit des Überlebens.

Zusammengefasst hat also auch die Materie das Bestreben zu überleben , und genau das ist auch der Grund und Sinn der meisten physikalischen Veränderungen und der meisten Astronomischen Erscheinungen.

Kapitel 14

Meine Theorie
über den eigentlichen Sinn
der chemischen Verbindungen

Warum verbinden sich die Elemente ?
Welchen Sinn haben die chemischen Verbindungen ?
Was haben chemische Verbindungen mit der Evolution zu tun ?

Chemie ist die Lehre der chemischen Verbindungen. Wenn sie aber in einem Chemie-Buch nachsehen wollen, was der eigentliche **Sinn** und der eigentliche **Grund** für chemische Verbindungen ist, so suchen Sie meistens völlig vergebens.
Es wird aber völlig als selbstverständlich erachtet, daß die Elemente sich miteinander verbinden.
Dort ist anstatt dessen viel von den positiven und negativen Ladungen die Rede, so wie von den Wertigkeiten der Elemente .

Meine Theorie über den eigentlichen und tieferen Sinn und den Grund der chemischen Verbindungen:

Deswegen wollen wir hier uns mit dem eigentlichen „ Warum ? „ und dem eigentlichen Zweck und Sinn der chemischen Verbindungen auseinandersetzen und versuchen , ob wir diese Fragen beantworten können :

Wir nehmen als Beispiel das **Kochsalz** , das die chemische Formel **NaCl** hat. Das bedeutet bekanntlich, daß das Kochsalzmolekül aus der Verbindung von einem Atom Natrium (Na) und einem Atom Chlor (Cl) besteht. Wir kennen alle Chlor und wissen , daß es sich um ein **gasförmiges** Element handelt , ein sogenanntes Halogen, mit einem stechenden scharfen Geruch . Beim Natrium handelt es sich bekanntlich um ein **Metall**, genauer gesagt um ein Erdalkalimetall , d.h. es hat metallische Eigenschaften, wie Leitfähigkeit usw.
Das Ergebnis dieser chemischen Verbindung ist das Kochsalz, das wir alle kennen. Es ist **fest**, hat eine **Kristallstruktur** , ist **weiß** und **schmeckt salzig**, hat also völlig andere Eigenschaften , als seine chemischen Bestandteile, genau so wie auch bei den anderen chemischen Verbindungen.

Was ist chemisch passiert ? Das **Natriumatom** mit er Ordnungszahl 11 auf der Mendelejewschen Tabelle, **das in seiner 3. (äußeren) Schale nur ein einziges Elektron** hat, **hat 1 Elektron an das Chloratom abgegeben** und somit dieses sozusagen überzählige Elektron auf seiner äußeren Schale in idealer Art und Weise los geworden , so daß seine nächst tiefere 2. Schale nunmehr mit 8 Elektronen ideal voll besetzt ist Das **Chloratom** mit der Ordnungszahl

17 hat auf seiner äußeren 3. Schale **ein Elektron vom den Natrium aufgenommen und somit   seine gesamte Elektronenzahl mit 18 ideal komplementiert.   Das Produkt ist also ein ziemlich ideales Ergebnis**.

Nebenbei gemerkt , das entstandene Molekül verrät seine Zusammensetzung durch das **Lösen im Wasser**, weil es sich in Na und Cl spaltet, allerdings in jeweils ionisierter Form,   durch   **Spektroskopie** , weil dadurch die charakteristischen Spektren sowohl des Natriums, als auch des Chlors sichtbar werden, und ferner durch **chemische Analyse.**

Das Chloratom und das Natriumatom haben sich also zu etwas höherwertigerem zusammengeschlossen und sich in idealer Weise ergänzt.
Das Produkt ist **nicht mehr gasförmig und flüchtig** , wie zuvor das Cl-Atom.

Auch das Wasser-Molekül ist ein gutes Beispiel . Aus der Verbindung von 2 flüchtigen **Gasen**, nämlich **H2** (Wasserstoff) und **O** (Sauerstoff) entsteht **H2O** (Wasser), das nicht mehr gasförmig und somit **nicht flüchtig** ist, sondern **flüssig**.

Das ist aber keineswegs der ganze tiefere Sinn der chemischen Verbindungen . Deswegen wollen wir noch etwas mehr darüber nachdenken und uns etwas mehr vertiefen.

Wie in den vergangenen Kapiteln bereits erwähnt, **besteht in der Natur generell eine Bestrebung nach**

zunehmender Perfektionierung und somit nach Überleben .
Alles , was perfekter wird, hat nämlich auch gleichzeitig eine höhere Überlebenschance .

Das wird völlig verständlich , wenn wir uns vergegenwärtigen , welche enorme Gefahren im Universum existieren.

Die einzelnen chemischen Verbindungen, die entstehen, brauchen aber keineswegs Endprodukte zur Perfektionierung darzustellen, sondern können durchaus auch **Zwischenstufen** sein. So kann die Natur praktisch lange Zeit sozusagen frei experimentieren, bis die perfekten Entprodukte entstehen, so wie z.B. die DNA-Moleküle entstanden sind.

Wir kehren nochmals zurück zu unserem Kochsalzmolekül. Wie wir gesehen haben , handelt es sich dabei um ein sehr einfaches und kleines Molekül, das nur aus 2 Atomen besteht. Wir wissen aber, daß auch mehrere Atome sich zu einem Molekül verbinden können, was zur Entstehung von größeren und komplizierteren Molekülen führt.
Z.B. das Molekül von **Kaliumpermanganat** mit der chemischen Formal $KMnO_4$ bestehen aus 6 Atomen. So können immer mehr Atome sich zusammenschließen , und immer größere Moleküle zu bilden.

Aus der **organischen Chemie** kennen wir erheblich größere und kompliziertere Moleküle mit beachtlichen Molekulargewichten.
So können immer größere Moleküle entstehen , bis zur Entstehung von Makromolekülen .
So sind auf der Erde immer größere und kompliziertere Moleküle entstanden , bis eines Tages die

Nukleinsäuremoleküle auftauchten und somit auch **DNA**, woraus die **Chromosomen** bestehen.

Dies war gleichzeitig ein Riesenschritt und ein Riesenereignis, da damit auf der Erde gleichzeitig auch das Leben entstand, da die DNA-Moleküle Eigenschaften haben, die wir schlechthin als Leben bezeichnen .

Es war somit mit diesem Schritt plötzlich eine Riesenperfektionierung gelungen und somit auch ein enormer Schritt bei den Bestrebungen zwecks Überleben.

Der tiefere Sinn und Zweck der meisten chemischen Verbindungen ist somit ein Bestreben nach Perfektionierung und somit und vor allem ein Bestreben nach Überleben.

Es ist im Rahmen dieses Buches leider nicht möglich , näher auf diese äußerst faszinierenden Phänomene einzugehen und wird deswegen wegen einer erheblich ausführlicheren Darstellung **verweisen auf meine Bücher " Leben, Krankheit, Alter, Tod, energetische Therapie", das ausführlicher sich mit diesen Phänomenen beschäftigt und u.a. zeigt, daß auch die sogenannte „tote" Materie in Wirklichkeit keineswegs ganz tot ist, und „Geheimnisse der Evolution", die eine echte Fundgrube solcher Faszinationen ist) .**

Kapitel 15

Chemische Verbindung

und Geschlecht

Sie werden wahrscheinlich fragen, was die chemische Verbindung mit dem Geschlecht zu tun hat. Beim näheren Eingehen auf die Thematik werden wir aber sehen, daß die Ähnlichkeiten tatsächlich sehr groß sind.

Eine chemische Verbindung beruht im allgemeinen darauf, daß ein Atom quasi ein Elektron auf einer bestimmter Bahn **zu viel** hat und deswegen gerne abgeben möchte ,und ein anderes Atom ein Elektron **zu wenig** hat und deswegen gerne ein weiteres Elektron gewinnen möchte .

Am Beispiel des Kochsalzmoleküls (**NaCl**) möchte ich dieses Phänomen genauer erklären und zum besseren Verständnis dieses Kapitels einiges aus Kapitel 14 nochmals wiederholen :

Das Kochsalzmolekül besteht aus einem **Natrium**- und einem **Chloratom** .

Was ist chemisch passiert ?   Das **Natriumatom** mit er Ordnungszahl 11 auf der Mendelejewschen Tabelle, **das in seiner 3. (äußeren) Schale nur ein einziges Elektron** hat, **hat 1 Elektron an das Chloratom abgegeben** und somit dieses sozusagen **überzählige** Elektron auf seiner äußeren Schale in idealer Art und Weise los geworden ,. so daß seine nächst tiefere 2. Schale nunmehr mit 8 Elektronen ideal voll besetzt ist.

Das **Chloratom** mit der Ordnungszahl 17   hat auf seiner äußeren   3. Schale **ein Elektron vom dem Natrium aufgenommen   und   somit   seine   gesamte Elektronenzahl mit 18   ideal   komplementiert,   Das Produkt ist also ein ziemlich ideales Ergebnis.**

Das Produkt hat **völlig andere Eigenschaften** als die Ausgangsstoffe Na und Cl.
Wir kennen alle Chlor und wissen , daß es sich um ein **gasförmiges** Element handelt , ein sogenanntes Halogen, mit einem stechenden scharfen Geruch .   Beim Natrium handelt es sich bekanntlich um ein **Metall**, genauer gesagt um ein Erdalkalimetall , d.h. es hat metallische Eigenschaften, wie Leitfähigkeit   usw.
Das Produkt dieser chemischen Verbindung , das Kochsalz, das wir alle kennen , ist aber **fest**, hat eine **Kristallstruktur** , ist **weiß** und **schmeckt salzig**, hat also völlig andere Eigenschaften , als seine chemischen Bestandteile, genau so wie auch bei den anderen chemischen Verbindung.

Das Chloratom und das Natriumatom haben sich also zu etwas höherwertigerem zusammengeschlossen und sich in idealer Weise ergänzt.

Das Ergebnis ist vergleichbar mit einem Ehepaar .

Das ist aber keineswegs der ganze Sinn dieser Verbindung.
Deswegen wollen wir noch etwas mehr darüber nachdenken
und etwas mehr in die Tiefe gehen.

Wie bereits erklärt , **besteht in der Natur generell eine
Bestrebung nach zunehmender Perfektionierung und
nach Überleben .**
**Alles , was perfekter wird, hat aber auch gleichzeitig eine
höhere Überlebenschance .**

**Ohne die chemischen Verbindungen wäre die
Entwicklung des gesamten Universums im Stadium der
Atome stehen geblieben und es existierten überhaupt
keine Moleküle und somit auch keine Lebewesen .**

Wegen einer ausführlicheren Darstellung dieser
faszinierenden Phänomene wird verweisen auf **mein Buch
„Die Geheimnisse der Evolution „.**

Bei den Geschlechtern ist es sehr ähnlich . Das
männliche Geschlecht hat ein Glied (Penis), was dem
weiblichen Geschlecht fehlt.
Umgekehrt hat das weibliche Geschlecht eine Scheide
(Vagina), was dem männlichen Geschlecht fehlt. **Deswegen
stellt ein Pärchen eine ideale Ergänzung dar , weil auch
hier das fehlende Etwas ergänzt und sozusagen
gemeinsam benutzt wird**

Das Ergebnis ist ebenfalls etwa höherwertigeres , nämlich
eine ideale Ergänzung und das Glück der Ehe.

Das ist aber keineswegs der ganze Sinn , sondern auch hier werden nicht nur die Überlebenschancen erheblich verbessert, sondern überhaupt **ein Überleben erst dadurch möglich** , da diese Verbindung von der Natur **zum Erzeugen der Nachkommen bzw. zur Vermehrung** gedacht ist (die Natur kennt keine Verhütungsmittel) .

Deswegen sind chemische Verbindungen die Vorläufer der Geschlechter, bzw. die Natur hat dieses Prinzip bei der Entwicklung der Geschlechter als Grundlage benutzt.

Im übrigen haben wir unser Leben den chemischen Verbindungen und der Existenz von Geschlechtern zu verdanken , sonst wäre der Aufbau unseres Körpers nicht möglich gewesen und wir wären erst gar nicht geboren worden .

Ich möchte zum Schluß dieses Kapitels ergänzend darauf hinweisen, daß hier auf unserer Erde die Frage der Notwendigkeit der Geschlechter erst sich nach ca. 4,1 Milliarden Jahren nach der Entstehung der Erde stellte, nämlich erst vor **ca. 0,5 Milliarden Jahren d.h. erst vor ca. 500 Millionen Jahren,** als die **mehrzelligen** Lebewesen auf der Erde entstanden , **da die Einzelligen keine Geschlechter brauchten , weil sie sich immer weiter durch Zellteilung vermehren .**
Das Problem entstand vielmehr erst bei den Mehrzelligen , da sie sich durch einfache Teilung nicht mehr vermehren konnten.

Bei einigen primitiven vielzelligen Lebewesen , nämlich bei den **Hohltieren (Coelenterata)** , wurde das Vermehrungsproblem durch **Knospung** gelöst.

Bei höheren Lebewesen kam dies nicht infrage, auch deswegen nicht ,weil die Mischung der Chromosomen eines Paares äußerst wichtig ist insbesondere für die Variabilität und somit für bessere Überlebenschancen der Nachkommen. Deswegen wurden 2 Geschlechter dringend erforderlich.

Kapitel 16

Meine Theorie

über die Kommunikation der Atome,

Moleküle, Pflanzen und Tiere ,

untereinander und mit der Umwelt

Können nur die Menschen untereinander kommunizieren ?
Können auch die Tiere und Pflanzen sich gegeneinander verständigen?
Sind die Atome und Moleküle wirklich tot, oder können sie auch miteinander Informationen austauschen?

Die Menschen sind bekanntlich die einzigen Lebewesen, die sprechen und durch die Sprache miteinander kommunizieren können.

Die Frage ist aber ‚ob alle übrige Lebewesen ganz stumm sind und ohne jeglichen Informationsaustausch?

Vieles spricht dafür, daß nicht nur auch Pflanzen und Tiere untereinander und mit der Umwelt laufend kommunizieren , sondern sogar , das was wir als „tote" Materie bezeichnen , nämlich die Atome und Moleküle.

Z.B. folgende Beobachtungen und Experimente sprechen dafür und beweisen es sogar:

1.   Neuere Experimente der Quantenphysik :

a. **Der Beobachter und das von ihm beobachtete Objekt sind von einander abhängig,** d.h. durch eine Änderung der Beobachtungsweise , z.B. durch Änderungen der Einzelheiten eines Experiments, wird auch das Verhalten der Elementarteilchen beeinflußt und geändert ,z.B. ob das Photon als Teilchen oder als Welle in Erscheinung tritt, ist abhängig von den Bedingungen des Experiments

b. **Es besteht gegenseitige Abhängigkeit zwischen den beiden Teilchen eines Paares**, d.h. das Verhalten eines dieser beiden Teilchens wird geändert, wenn die Bedingungen des anderen Teilchens geändert werden, auch bei größerer Entfernung.

c. Die Elementarteilchen haben auch die Fähigkeit , kurz aus der Oberfläche der Materie heraus zu kommen und haben sogar die Fähigkeit zum Nachbargebiet zu durchtunneln (der Tunneleffekt) .

d. Das Vakuum ist nicht leer, wie früher geglaubt worden war, sondern dort befinden sich **Elementarteilchen, die sich laufend in Energie umwandeln und umgekehrt. Es entsteht anscheinend aus Nichts durch die sogenannte Quantenfluktuation laufend Materie** .

2. Emission und Absorption der Lichtquanten bzw. Quantensprünge . Elektronen eines Atoms können durch Absorption eines Photons auf ein höheres Energieniveau springen (Quantensprung). Sie können aber auch auf ein tieferes Energieniveau springen , was verbunden ist mit einer Emission vom einem Photon einer bestimmten und charakteristischen Wellenlänge. Auf diese sehr interessanten Phänomene wird unten weiter eingegangen .

Nur soviel hier an dieser Stelle : **Durch die Emission und Absorption ganz bestimmter und charakteristischer Wellenlängen und somit Farben teilen sich die Elektronen hierdurch praktisch mit und kommunizieren mit der Umwelt** .

3. Pauli-Prinzip : In einem Atom können niemals zwei Elektronen denselben Quantenzustand besitzen, dies bedeutet daß die Elektronen nicht in allen 4 Quantenzuständen n, l, m , s übereinstimmen können .

Es erhebt sich hier die Frage, woher die einzelnen Elektronen wissen, in welchem Zustand sich die anderen Elektronen befinden ? Ohne eine Kommunikation und Erfahrungsaustausch wäre dies nicht möglich . **Deswegen müssen die Elektronen miteinander kommunizieren .**

4. Neuere Untersuchungen im Rahmen der Materialforschung haben gezeigt, daß ständig einzelne **Atome eines Kristallgitters der Materie ihre Position innerhalb des Gitters verlassen , innerhalb der Materie weiter wandern, und sich in ein neues Kristallgitter einfügen können.** Dies wird bezeichnet als **Diffusion** in Gittern . **Dadurch stehen die einzelnen Teile der Materie unter ständigem Kontakt miteinander** und dadurch werden sehr wahrscheinlich Informationen innerhalb der Materie übertragen und ausgetauscht.

5. Ebenfalls im Rahmen der neueren Untersuchungen wurde festgestellt, daß **einzelne Atome der Oberfläche der Materie laufend aus der Oberfläche herausragen** und somit mit der Umwelt in Kontakt treten .

6. Wir wissen aus der Chemie, daß **die Atome eines Moleküls** nicht etwa still stehen , wie scheinbar aus einer Strukturformel hervorgehen mag , sondern **sich in ständiger Schwingung befinden** . Es ist bereits nachgewiesen, daß diese Schwingungen elektromagnetische Wellen hervorrufen (s. unten).

7. Chemische Verbindungen: Am Beispiel des Kochsalzmoleküls (**NaCl**) möchte ich auch dieses Phänomen genauer erklären (und muß zwecks besseren Verständnisses dieser Phänomene hier einiges nochmals wiederholen) :

Das Kochsalzmolekül besteht , wie bereits erwähnt, aus einem **Natrium**- und einem **Chloratom** .
Das **Natriumatom** mit der Ordnungszahl 11 auf der Mendelejewschen Tabelle, **das in seiner 3. (äußeren) Schale nur ein einziges Elektron** hat , **hat 1 Elektron an das Chloratom   abgegeben** und somit dieses sozusagen **überzählige** Elektron auf seiner äußeren Schale in idealer Art und Weise los geworden , sodaß seine nächst tiefere   2. Schale   nunmehr mit 8 Elektronen ideal voll besetzt ist
Das **Chloratom** mit der Ordnungszahl 17 hat auf seiner äußeren 3. Schale **ein Elektron vom den Natrium aufgenommen   und   somit   seine   gesamte Elektronenzahl mit 18   ideal   komplementiert. Das Produkt ist also ein ziemlich ideales Ergebnis**.

Das Produkt hat **völlig andere Eigenschaften** als seine chemischen Bestandteile Na und Cl, genau so wie auch bei den anderen chemischen Verbindung .

Das Chloratom und das Natriumatom haben sich also zu etwas höherwertigerem zusammengeschlossen und sich in idealer Weise ergänzt.

Es erheben sich hier u.a. folgende Fragen: Woher wußten die einzelnen Cl-Atome Bescheid über die Zahl der Elektronen auf der äußeren Schale der Na-

Atome und umgekehrt? Woher wußten die Cl- und die Na-Atome, daß sie zueinander passen würden ?

Ganz allgemein erhebt sich hier die Frage : Woher wissen die einzelnen Atome und Moleküle , die sich miteinander verbinden , mit welchen anderen Atomen und Molekülen sie Verbindungen eingehen können und zu welchen Atomen und Molekülen sie passen ?

Ohne eine gegenseitige Kommunikation wäre dies völlig undenkbar .
 Deswegen muß auch hier eine Kommunikation und Erfahrungsaustausch stattfinden .

8 Es muß auch ein **intensiver Informationsaustausch zwischen den einzelnen Genen innerhalb der Chromosomen einer Zelle** stattfinden .
Denn jedes **Gen** ist für andere Funktionen zuständig. Das Tätigwerden der einzelnen Gene muß vielfach nacheinander nach einem bestimmten Schema erfolgen, z.B. bei der **Embryogenese** (Entwicklung eines Embryos).
Wir wissen aus der **Embryologie**, z. B. ,daß keineswegs alle Organe eines Embryos   gleichzeitig entstehen, sondern nach einem bestimmten Schema .   Woher wissen die einzelnen **Gene** für die Entstehung der einzelnen Organe und der einzelnen Teile des Körpers Bescheid, wann sie in Funktion treten sollen und wann die vorher tätig gewordenen fertig sind ?

Chromosomen   bestehen   bekanntlich   aus Nukleinsäure (DNA) . Es handelt sich um größere

Moleküle , die aus jeweils 3 Bausteinen (Base, Pentose und Phosphorsäure) bestehen und jeweils in 2 Ketten hintereinander gereiht wendelförmig angeordnet sind.

Bei den **Basen** handelt es sich praktisch um die **Buchstaben des Lebens** , wobei es sich nur um **4 Basen bzw. Buchstaben** handelt : Cytosin , Thymin (Pyrimidin- Derivate mit jeweils einem Ring)) , Adenin und Guanin (Purin-Derivate mit jeweils 2 Ringen). Sie werden abgekürzt als C, T, A und G . **Das Alphabet des Lebens bzw. das Code-System der Chromosomen arbeitet also nur mit 4 Buchstaben** und trotzdem ist es möglich ,durch viele Kombinationen , so viele Informationen d.h. die gesamten erblichen Eigenschaften eines Individuums zu speichern .

Damit Sie sich ungefähr vorstellen können , um wieviele Informationen es sich dabei handelt , ist zu sagen **daß z.B. in den Chromosomen der Menschen ca. 3 Milliarden Buchstaben vorhanden** sind , dies wäre der Inhalt von **100 Büchern mit jeweils 1000 Seiten , wobei jeweils 3 Buchstaben eine Information bilden**.

9. Es muß ein **umfangreicher Informationsaustausch zwischen den DNA- Molekülen** (Bausteine der Chromosome) **und der Umwelt stattfinden** . Anderes ist die Evolution weder möglich, noch vorstellbar. Wie sollten sich sonst die DNA- Moleküle laufend an die Umwelt anpassen , die Überlebensfähigkeit der Lebewesen laufend verbessern und immer weiter entwickelte Lebewesen zustande bringen , wie wir aus der Evolution kennen? Unabdingbare Voraussetzung dafür wäre , daß die DNA laufend Informationen aus der Umwelt erhält .

10. Es ist bekannt und experimentell nachgewiesen, daß **Pflanzen ihre Umgebung spüren** , z.B. **Pflanzen fühlen sich wohler** (wachsen z.B. besser) , wenn sie regelmäßig gestreichelt werden, wenn man in ihrer Nähe musiziert und ferner wenn artgleiche Pflanzen nebeneinander stehen. Es ist ferner bekannt, daß einige Pflanzen neben einigen Pflanzen sich wohler fühlen und neben einigen anderen Pflanzen sich so unwohl fühlen , daß sie sogar absterben .

11. Daß auch die **Tiere** untereinander intensiven Kontakt haben , ist eine bekannte Tatsache , sodaß eine ausführlichere Darstellung hier an dieser Stelle sich erübrigt .
Dieser Kontakt geschieht u.a. auch durch Töne , die teilweise im Ultraschalllbereich und teilweise im sehr tiefen Bassbereich liegen .

12. Es muß auch ein Informationsaustausch stattfinden **zwischen den Gehirnen der Menschen untereinander,** da anders die Phänomene der **Telepathie** (die nicht zu leugnen ist) nicht zu erklären sind . Wir haben z.B. sicherlich alle schon erlebt, daß manchmal wenn wir an eine Sache denken, jemand , der in der Nähe steht , ebenfalls gleichzeitig an dieselbe Sache denkt und dies auch äußert. Man spricht in diesem Zusammenhang in der Umgangssprache sogar von der **Gedankenübertragung** .

Wie können diese Kommunikation stattfinden ?

Im **Mikrobereich** spielen Ladungen ,sei es **negative Ladungen** der **Elektronen** und **Kationen**, **positive Ladungen** der **Protonen** oder **Anionen** eine sehr wichtige Rolle und **es wäre äußerst plausibel, daß sie Informationen übertragen und so Kommunikationen ermöglichen.**

Elektrische Felder , die durch Bewegungen der frei beweglichen Elektronen entstehen und die sie begleitenden **Magnetfelder** und auch die **magnetischen Dipole der Atome** sind ebenfalls als Kommunikationsmittel sehr gut geeignet. Insbesondere aber die **elektromagnetischen Wellen sind die perfekten** Mittel zur Informationsübertragung und dienen sogar auch als **Kommunikationsmittel der gesamten Bestanteile des Universums** auch über Entfernungen von Milliarden Lichtjahren (z.B. Licht und Radiosignale , die wir von Sternen und Galaxien empfangen).

Es ist also sehr naheliegend und sogar äußerst plausibel, daß die Kommunikation zwischen den Atomen , Molekülen, Pflanzen und Tieren durch die elektromagnetischen Wellen (Radiowellen) geschieht , bei sehr kleinen Distanzen auch durch die elektrischen Ladungen und durch die Magnetfelder.

Es ist bereits bekannt, daß einzelne **Atome und Moleküle** charakteristische **Spektren (Emissions- und**

Absorptionsspektren) haben , aufgrund dessen sie eindeutig identifiziert werden können .

Es ist dabei zu bedenken, daß die elektromagnetischen Wellen der Atome erheblich einfacher aussehen, als die elektromagnetische Wellen der Moleküle , da die Moleküle bekanntlich jeweils aus mehreren Atomen bestehen . Die Wellen der organischen Moleküle und insbesondere der großen organischen Moleküle , wie Eiweiße und DNA müssen noch erheblich komplizierter sein .
Die Ringstrukturen der Moleküle dürften bei der Entstehung der elektromagnetischen Wellen eine wichtig Rolle spielen .

Bei den Pflanzen und den Tieren werden die Wellen noch komplizierter sein .

Die **Frequenz** dieser elektromagnetischen Wellen dürfte je nach der Größe der miteinander kommunizierenden Teile entweder im **Lichtbereich** (inklusive **Infrarotbereich**) und zumindest bei Pflanzen und Tieren im **Gigaherz-Bereich** der elektromagnetischen Strahlen liegen .

Es lohnt sich Versuche durchführen zwecks Nachweis dieser Wellen , die jedoch sehr schwach sein werden und deswegen schwierig meßbar. Es wäre jedoch eine sensationelle Sache sie nachzuweisen.

Der Nachweis solcher Welle würde gleichzeitig sehr viele Phänomene in der Natur erklären , die bisher unerklärbar sind , von denen einige wenige oben als Beispiel erwähnt worden sind .

Auch das **EEG** wird wahrscheinlich von elektromagnetischen Wellen begleitet und der Nachweis dieser Wellen würde uns helfen die EEG-Wellen besser zu verstehen .
Daßelbe dürfte auch für das **EKG** zutreffen .

Ferner dürfte diese Kommunikation selbstverständlich auch **durch direkten Kontakt** stattfinden.

Deswegen **lebt auch die als tot bezeichnete Materie (s. mein Buch „ Leben, Krankheit, Altern, Tod"** , ferner **meine betreffenden wissenschaftlichen Arbeiten)**, wobei auch die Bestandteile der Materie, die **Atome und Moleküle**, ja sogar auch die einzelnen Bestandteile der Atome , nämlich die **Elektronen , Protonen und Neutronen , durchaus lebendig sein dürften. Sie alle stehen in ständigem Kontakt miteinander und auch mit der Umwelt** .

wir müssen deswegen unsere Vorstellung über das Leben und den Zustand, den wir als tot bezeichnen, gründlich überdenken , wenn wir viele Phänomene auf unserer Erde sowie im ganzen Universum verstehen wollen .

Das Leben, wie wir es erleben, ist nichts Phänomenales , sondern ist eine im Universum weit verbreitete Erscheinung und ist eng mit der Materie verbunden. Nur die einzelnen Formen   sind verschieden   und sind verschieden stark entwickelt **(vergl. auch mein Buch „ leben , Krankheit, Altern , Tod") .**

Eine Pflanze und auch ein Tier erlebt das Leben nicht wie wir es erleben, und erst recht nicht die Materie, sondern anders.

Unser Leben ist das Produkt einer langen Evolution von Milliarden Jahren und hat sich somit im Laufe der Zeit sehr stark entwickelt , differenziert und   perfektioniert . Wir verfügen über stark entwickelte und äußerst leistungsfähige Organe wie das Gehirn und ebenfalls stark entwickelte und äußerst leistungsfähige Sinnesorgane , wie Augen und Ohren .

Den Atomen fehlen selbstverständlich solche Organe . Deswegen kann die Kommunikation dort nur auf einem sehr einfachem und primitiven Niveau   stattfinden . Hier ist zu erwähnen   z.B. die **Emission und Absorption der Lichtquanten** durch die Atome bzw. ihre Elektronen , die auch einen **Informationsaustausch** darstellt .

Nur so ist die ganze Natur und das ganze Universum verständlich.

Und ebenfalls und insbesondere nur so wird die gesamte Evolution der Lebewesen verständlich .

Auch die Materie muß sich laufend darüber orientieren können, was in der Außenwelt los ist, damit sie, soweit es möglich , sich anpassen und somit effektiv überleben kann .

Das gesamte Geschehen auf unserer Erde ab ihrer Entstehung vor ca. 4,6 Milliarden Jahren wäre überhaupt nicht verständlich , wenn wir meinen würden , daß nur das was wir als Lebewesen bezeichnen , leben würde und alles andere tot wäre .

Wie würde dann die Evolution zustande gekommen sein und wie würden die DNA-Moleküle festgestellt haben ,   was überlebensfähig ist und was nicht , und wie und in welcher Richtung die Evolution weiter gehen kann ?

Auch das ganze   Universum wäre überhaupt nicht verständlich , wenn man meinen würde, es würde sich bloß um einen wilden Haufen von toten Steinen und toter Materie handeln, die wild in dem Raum fliegen würden.

Deswegen lebt auch die tote Materie im ganzen Universum , wenn auch ganz anders als wir. Alles steht miteinander in Kommunikation . wobei die Art der Kommunikation ganz verschieden ist . Wenn die Abstände es ermöglichen, ist diese Kommunikation natürlich durch den **direkte Kontakt** möglich , oder durch **elektrische Ladung** oder **Magnetfelder** . Sonst erfolgt der Kontakt durch **elektromagnetische Wellen** , wie Radiowellen, Licht , oder Gravitationswellen, je nach der Entfernung oder sonstigen einzelnen Umständen. Wir kennen auch Kommunikation durch **andere Wellen**, wie z.B. die Schallwellen   , Wasserwellen , aber auch die Erdbebenwellen müssen hier genannt werden .

Die elektromagnetischen Wellen sind   praktisch die Boten des Universums (Näheres s. Band I dieses Buches und meine wissenschaftliche Arbeit über die elektromagnetischen Wellen).
Z. B. wir können hier auf unserer Erde das **Licht** der Sterne empfangen, die Milliarden Jahre von uns entfernt sind   . Genauso können auch mögliche Bewohner der Planeten der betreffenden Sterne das Licht unserer Sonne empfangen .

Wir wissen ferner aus der Physik, daß der Empfang (Absorption) der   Lichtphotonen Effekte an den Atomen verursachen (Quantensprünge) .

Es handelt sich somit um Wechselwirkungen zwischen dem Licht und den Atomen und somit um eine Art **Daten- bzw. Informationsaustausch** .

Aus der Analyse des Lichtes der anderen Sterne können wir z.B. feststellen , welche Elemente auf dem betreffenden Stern vorhanden sind , welche Elemente in der Atmosphäre des Sternes vorkommen und wie heiß ungefähr der betreffende Stern ist.
Ferner verrät uns das Licht der Sterne im Rahmen der Doppler-Effekts , ob der betreffende Stern sich von uns entfernt , oder sich uns nähert und ungefähr mit welcher Geschwindigkeit .

Eine weitere Art der gegenseitiger Kontaktaufnahme durch die elektromagnetischen Wellen im Universum über sehr weite Distanzen geschieht z.B. durch die **Gravitationswellen** . **Es handelt sich hierbei ebenfalls u.a. um eine Art Datenaustausch** , z.B. bezüglich der gegenseitiger Masse (vergl. auch meine wissenschaftlichen Arbeiten über die Gravitationswellen) .

Röntgenstrahlen und die **Radiowellen** der Himmelskörper sind **weitere Beispiele für die gegenseitige Kontaktaufnahme**, gegenseitigen Datenaustausch und somit gegenseitigen Austausch von Informationen zwischen den Himmelskörpern .

Zusammengefasst ist nur so die Natur und das ganze Universum verständlich , wie oben dargestellt . Das ganze Universum wäre überhaupt nicht verständlich , wenn man meinen

würde, es würde sich bloß um einen wilden Haufen von toten Steinen und toter Materie handeln, die wild in dem Raum fliegen würden.

Alle Bestandteile des Universums stehen vielmehr miteinander in Kommunikation .

Kapitel 17

Regelkreise und Rückkopplungen im Universum bzw. in der Natur

Es gibt im Universum bzw. in der Natur viele **Regelkreise und Rückkopplungen** , zumal die meisten Naturphänomene aus 2 paradoxen und entgegengesetzten Einzel-Phänomenen bestehen , und ferner da dies eine **unerläßliche** und **äußerst wirksame Methode ist , einzelne Naturerscheinungen steuerbar zu machen , Entgleisungen und Katastrophen zu verhindern und für ein Gleichgewicht zu sorgen .**

Diesen für den Fortbestand des Universum äußerst wichtigen Regelkreisen und Rückkopplungen im Universum war bisher leider kaum Beachtung geschenkt worden und sie waren bisher unentdeckt geblieben .

Kräfte rufen Gegenkräfte hervor , die diesen Kräften entgegenwirken und sie zügeln , größere Veränderungen rufen andere Veränderungen hervor, die diesen Veränderungen ebenfalls entgegenwirken und so für ein Gleichgewicht sorgen .

Dadurch werden z.B. große Kräfte gezügelt und gebunden , gigantische Veränderungen verhindert und neutralisiert , aber gleichzeitig werden dadurch diese großen Kräfte und Veränderungen steuerbar .

So werden Naturkräfte und Naturphänomene geregelt . Ohne diese Regelungen und Rückkopplungen wäre das ganze Universum schon längst in ein Chaos übergegangen und wäre total zerstört worden .

Die folgenden Beispiele machen dies anschaulich:

1. ***Das 3. Axiom von Newton ,*** Aktion und Reaktion : das besagt, daß jede Aktion eine Reaktion hervorruft, die ihr entgegengesetzt ist. Oder anders ausgedrückt: : Kräfte treten paarweise auf, und zwar so, daß sie entgegengesetzt wirken. Wenn z.B. auf eine Fläche Druck ausgeübt wird, wird dadurch eine gleich große Gegenkraft ausgelöst, die dieser Kraft genau entgegenwirkt.

2. *Die Lentzsche Regel* : Die von einem Strom hervorgerufene Induktionsspannung ist so gerichtet, daß sie diesem Strom entgegenwirkt.

3. **Massenwirkungsgesetz** : Dieses Gesetz spielt eine überragende Rolle in der **Chemie** und bewirkt, daß die chemischen Reaktionen je nach der **Konzentration** der miteinander reagierenden Substrate nach der einen oder nach der anderen Seite laufen , es bestimmt somit die Richtung vieler chemischen Reaktionen . Es handelt sich hierbei gleichzeitig um eine fein dosierbare Rückkopplung , da dadurch die chemischen Reaktionen fein steuerbar werden und z.B. beim Konzentrationsausgleich auch die chemische Reaktion zum Stillstand kommt .

4. Auch die **Osmose** und die **Diffusionsvorgänge** , die insbesondere in der Medizin und Biologie eine überragende Rolle spielen , sind **konzentrationsabhängig** und können somit je nach den jeweiligen Konzentrationen nach der einen oder anderen Seite laufen.

5. Solche allgemein **nach beiden Seiten laufenden und konzentrationsabhängigen Prozesse** sind im übrigen in der Natur sehr verbreitert , z.B. auch auf dem Gebiet der **Physik**, und **Astronomie** .

6. Regelkreis Energie und Materie: Energie und Materie (Masse) sind äquivalent , also praktisch gleichwertig und können ineinander umgewandelt werden nach der Formel $E = m c^2$. Materie ist eingefrorene und somit gebundene Energie , und damit praktisch eine **andere Erscheinungsform** der Energie . Energie ist aber bekanntlich sehr **flüchtig** und hat insbesondere bei größeren Energiemengen **enorme Wirkungen**, denken wir z.B. an die große Hitzewirkung oder an starke Strahlungen , die unvorstellbar groß werden und verheerende Folgen haben können , wie z.B. bei einer Atombombe .

Deswegen ist es im Universum bzw. in der Natur unbedingt erforderlich, daß große Energiemengen eingebunden bzw. konserviert werden . Das geschieht durch Umwandlung der Energie in Materie . Dadurch wird die .Energie praktisch auf unbestimmte Dauer **konserviert** , gleichzeitig aber **neutralisiert** und sozusagen in kleinen Paketen **konzentriert** und eingepackt. Aus offenen Wellen entstehen dabei geschlossene Materiewellen. Dadurch werden enorm große Kräfte **gebunden** und gezügelt. Dadurch verhindert die Natur gleichzeitig Katastrophen durch sehr starke Energiewirkungen .

Die so eingefrorene Energie kann natürlich jederzeit wieder in Energie umgewandelt und ihre großen Wirkungen wieder entfalten.

Meines Erachtens geht dies in sehr einfacher Weise vor sich. Wo im Universum lokal Energie in großem Überschuß vorhanden ist , wird die Umwandlung der Energie in Materie begünstigt , so daß viel Energie sich in Materie umwandeln kann , und wo Materie örtlich in sehr großem Überschuß vorliegt, wird die Umwandlung der Materie in Energie begünstigt , so daß sehr viel Materie sich in Energie umwandeln kann, ähnlich wie bei dem **Massenwirkungsgesetz** in der Chemie, die von der Konzentration abhängig ist.

Meines Erachtens sind die Sachen in der Natur sehr einfach konzipiert, sie werden nur durch Menschen schwerer gemacht bzw. schwerer gedacht .

Die Verhältnisse sind draußen im Universum keineswegs   identisch mit den Bedingungen auf unserer Erde bzw. in unserem Labor. Deswegen sind auch die Ergebnisse nicht ohne weiteres miteinander vergleichbar. Z.B. so enorme Energiekonzentrationen sind auf unserer Erde oder gar in unserem Labor erst gar nicht vorstellbar.

Es ist also im Universum ganz unerläßlich, daß die enorm großen Energien gebunden werden, da sie sonst zu massiven Entgleisungen führen würden .

Deswegen gehört dieses Prinzip , das bisher ebenfalls unentdeckt geblieben war , zu den Grundprinzipien der Natur, und sorgt schonend dafür, daß freie Energie im Universum nur in dosierten Mengen vorliegt , damit sie keine Entgleisungen auslösen und nicht zum totalem Chaos führen kann , und ferner damit nur soviel Energie freigesetzt wird , wie nötig.

Wegen einer ausführlicheren Darstellung dieser faszinierenden Phänomene und wegen weiterer interessanten Theorien von mir **s. mein Buch „Das**

**Geheimnis der Entstehung des Universums, meine
DPNS-Theorie „ .**

7. **Rückkopplung zwischen der Temperatur bzw. der
    Wärmeenergie einerseits und den anderen
    Energieformen andererseits** : Die Temperatur
    bzw. die Wärmeenergie begleitet normalerweise die
    anderen Energieformen und dadurch daß sie
    entgegengesetzte Wirkungen entfaltet , erfüllt sie
    eine Rückkopplungsaufgabe in der Natur, die **von
    enormer Bedeutung** ist.   Sie verhindert damit
    Entgleisungen der großen Energiekonzentrationen,
    die im Universum häufig vorkommen .

    Wegen einer ausführlichen Darstellung dieser äußerst
    interessanten Wechselwirkungen   s.   meine
    wissenschaftliche Arbeit über **„meine energetische
    Relativitätstheorie „**

8. **Rückkopplungsphänomene sind auch *in der
    Medizin*** bestens bekannt., und dienen   der
    **Regulation bzw. der Feindosierung z.B. der
    Hormone**. So funktioniert z.B. beim Menschen das
    gesamte endokrine System . Z. B. das TSH
    (Thyreoidea-stimulierendes Hormon) des
    Hypophysen-Vorderlappens bewirkt die Produktion
    des Thyroxins (Schilddrüsenhormon) in der
    Schilddrüse. Das Thyroxin der Schilddrüse inhibiert
    jedoch seinerseits die Produktion des TSH, so daß
    dadurch die Produktion von TSH wieder zurückgeht
    und der Rückkopplungskreis geschlossen wird .

Dadurch wird verhindert, daß zuviel TSH produziert wird. So wird die Menge des TSH bzw. des Thyroxin ganz fein reguliert und angepaßt.

9. **Ein weiteres gutes Beispiel für die Rückkopplungsphänomene im Bereich der Medizin** ist ferner das Zusammenspiel zwischen dem ACTH (Adrenokortikotropes Hormon) , das ebenfalls im Hypophysenvorderlappen produziert wird , und der Cortisol-Synthese und -Sekretion in der NNR (Nebennirenrinde). Ein vermehrtes Ausschütten des ACTH des Hypophysenvorderlappens führt zu einer erhöhten Synthese und Sekretion des Cortisols der NNR , das seinerseits zu einer Suppression der Produktion des ACTH führt. Dadurch wird in diesem Kreis ebenfalls die Hormonmenge ganz   fein reguliert und angepaßt.

Ohne solche Regelkreise und Rückkopplungsmechanismen würde im Universum nichts funktionieren und es wäre ein totales Chaos . Größere Entgleisungen wären an der Tagesordnung und das Universum wäre dadurch schon längst zerstört worden . Sie sorgen deswegen für die Stabilität und den Fortbestand des Universums .

Im übrigen auch für erhöhte CO2-Konzentrationen der Erdatmosphäre kennt die Natur ein Rezept, das sie schonmal mit großem Erfolg angewendet hat und zwar in der Kreidezeit, wo die CO2-Konzentrationen erheblich höher waren als heute (wegen der Näheren Einzelheiten s. **mein Buch „Klima und Energie"**).

Auch insofern ist eine größere Panik vor einer Klimakatastrophe nicht ganz begründet, da falls Menschen nicht vorher handeln und dafür sorgen sollten , daß die hohen CO2-Konzentration durch Bindung reduziert werden, wird die Natur selbst dafür Sorge tragen.